FORSCHUNGSBERICHTE DES LANDES NORDRHEIN-WESTFALEN

Nr. 2372

Herausgegeben im Auftrage des Ministerpräsidenten Heinz Kühn
vom Minister für Wissenschaft und Forschung Johannes Rau

Prof. Dr.-Ing. Udo Ludwig
Dipl.-Ing. Georg Ruckensteiner

Institut für Gesteinshüttenkunde
der Rhein.-Westf. Techn. Hochschule Aachen

Einflüsse auf die Brennbarkeit von Zementrohmehlen

Springer Fachmedien Wiesbaden GmbH 1973

ISBN 978-3-531-02372-4 ISBN 978-3-322-88323-0 (eBook)
DOI 10.1007/978-3-322-88323-0

Ursprünglich erschienen bei Westdeutscher Verlag, Opladen 1973

Die vorliegende Arbeit wurde im Institut für Gesteinshüttenkunde der Rhein.-Westf. Technischen Hochschule Aachen durchgeführt.

Unser Dank gilt den Professoren Dr. F. Keil, Dr. F.W. Locher und seinen Mitarbeitern sowie Dr. P. Wilrich und Dr. E. Woermann für wertvolle Diskussionen und Hilfeleistungen.

Den Herren der beteiligten Zementwerke danken wir für die Bereitstellung der Rohmehle, die Hilfe bei der Durchführung der zahlreichen Vergleichsanalysen und das Interesse an der Arbeit.

Gerne danken wir Herrn Priv.-Dozenten Dr. W. Krönert und seinen Mitarbeitern für die Durchführung der Röntgenanalysen sowie Herr Dr. H. Bastius und seinen Mitarbeitern für die chemischen Analysen.

Die Mitarbeiter des Bindemittellabors haben uns bei der Durchführung der Rohstoff- und Brennuntersuchungen fleißig unterstützt, wofür wir Ihnen auch an dieser Stelle Dank sagen möchten.

Dem Ministerium für Wissenschaft und Forschung des Landes Nordrhein-Westfalen danken wir für die finanzielle Unterstützung zur Durchführung der Untersuchungen.

I N H A L T

Seite

Seite

Seite

1. EINLEITUNG UND PROBLEMSTELLUNG

Die Brennbarkeit, Sinterbarkeit oder Reaktivität technischer Zementrohmehle ist in gleichem Maße für die Technologie und die Betriebswirtschaft in der Zementindustrie von großer Bedeutung. Von ihr hängen die Brenntemperatur und -dauer und damit der Brennstoffverbrauch ab. Daraus folgt, daß auch Ansatzbildung und Haltbarkeit des Ofenfutters in direkter Beziehung zur Brennbarkeit stehen. Außerdem wird durch sie Einfluß auf die Eigenschaften des Klinkers und somit des Zementes genommen.

Die Brennbarkeit des Rohmehles selbst ist eine Funktion seiner chemischen, mineralogischen und granulometrischen Zusammensetzung sowie seiner Homogenität. Die genannten Einflüsse und deren mögliche Überlagerungen stellen bereits ein derart komplexes System dar, daß es unmöglich ist, im Rahmen einer Arbeit sämtliche Abhängigkeiten zu untersuchen. Aus diesem Grund wurden die eigenen Untersuchungen auf die am wichtigsten erscheinenden Parameter der Rohmehle beschränkt:

1. Korngrößenverteilung
2. Homogenität (chemische und mineralogische)
3. chemische Zusammensetzung (Kalkstandard, Silikatmodul, Tonerdemodul, Schmelzanteil)
4. mineralogische Zusammensetzung
5. Brenntemperatur und Brenndauer

Aus der Literatur geht hervor, daß Untersuchungen über die Brennbarkeit von Rohmehlen überwiegend mit synthetischen Mehlen durchgeführt wurden, was zum Anlaß genommen wurde, technische Ofenmehle unterschiedlicher Provenienz sowohl in geologischer wie in chemischer Hinsicht zu verwenden. Weiterhin fällt auf, daß die Korngrößenverteilung der Rohstoffe und ihr Einfluß auf die verschiedenen Vorgänge während des Sinterprozesses weniger Beachtung fand und unterschiedlich beurteilt wurde. Es war daher Ziel der folgenden Untersuchungen im engeren Sinn, der Kornverteilung der Rohmehle in bezug auf deren Brennbarkeit mehr Beachtung zu widmen.

2. LITERATURÜBERSICHT

2.1 Reaktionen beim Brennen von Rohmehlen

Werden Zementrohmehle erhitzt, so erfahren zunächst ihre Komponenten selbst Veränderungen unter dem Einfluß der Temperatur. Mit steigender Temperatur treten aber auch die Komponenten miteinander in Reaktion, wobei diese Reaktion unterhalb der Sinterung, also im Temperaturbereich $< 1250^{o}$ C als Feststoffreaktion und darüber zusätzlich als Reaktion zwischen Feststoff und Schmelze abläuft. Die Temperaturhöhe und die Haltezeit bestimmen dann sowohl qualitativ als auch quantitativ die Klinkerphasenbildung. Die Erkenntnis, daß zwei feste Körper ohne Mitwirkung einer flüssigen oder gasförmigen Phase miteinander reagieren und eine neue feste Verbindung bilden können, ist eine Folgerung und Anwendung aus der Strukturlehre der Kristalle. Aufgrund ihrer experimentellen Ergebnisse erklären HEDVALL [1] im Jahre 1912 und später HOFFMANN und JANDER [2] im Jahre 1927, daß sich aus zwei festen Verbindungen eine dritte räumlich zwischen den beiden Ausgangsstoffen bilden kann. Dieser Vorgang wurde dahingehend gedeutet, daß auf Grund unterschiedlicher Konzentration ein Ionenaustausch durch Diffusion stattfindet. Sie bewiesen eindeutig, daß die Umsetzungen weder an eutektische, tiefschmelzende Verunreinigungen noch an gasförmige Zersetzungsprodukte gebunden sind, die bei der thermischen Dissoziation in Spuren gebildet werden. Es zeigte sich, daß diese Reaktionen allgemein als Phasengrenzreaktionen ablaufen.

---

[1] J.A. Hedvall: Einführung in die Festkörperchemie. Verlag Viehweg und Sohn, Braunschweig 1952.

[2] S. Hoffmann u. W. Jander: Reaktionen im festen Zustand bei höheren Temperaturen. VI. Die Reaktion zwischen CaO und SiO_2. Z. anorg. Chemie 218 (1936), S. 211/224.

Zur Erklärung vieler Beobachtungen bei der Umsetzung kann nicht vom idealen Gitter der Kristalle ausgegangen werden. Es zeichnete sich immer deutlicher ab, daß die Platzwechselvorgänge mit bestimmten Fehlordnungen im Kristallgitter verknüpft sind, die entweder als Kanäle oder als Punktfehler (z.B. Leerstellen) vorliegen. Zusätzlich können diese Vorgänge durch Störungen im Kristall, wie z.B. Risse oder Spalten beeinflußt werden.

An dieser Stelle sei auf die Anschauungen von SCHOTTKY und WAGNER [1] aus dem Jahre 1930 hingewiesen, die besagen, daß die Reaktionen in festen Stoffen an den Berührungsflächen der Kristallite von Grenzpotentialen geregelt werden, die von der Struktur und dem Energiezustand der Stoffe abhängig sind. Ein idealer Kristall würde daher nicht reagieren. An seinen Außenflächen sind jedoch Kräfte frei, die mit anderen Kristallen den Zustand minimaler, freier Energie anstreben. Zum Anlaufen einer Reaktion ist in den meisten Fällen eine Temperaturerhöhung nötig, durch welche die Energie zu einem merklichen Platzwechsel der Atome im Gitter aufgebracht wird. Hiermit ist die Möglichkeit der Umlagerung von zwei Partnern zu einem dritten, dem sogenannten Reaktionsprodukt gegeben.

HEDVALL [2] unterteilt 1952 die Diffusionsvorgänge in verschiedene Typen. Er spricht von Gitterdiffusion, wenn die Diffusion durch den Kristall hindurch erfolgt. Bei Stoffwanderung an den Oberflächen spricht er von Oberflächen- und Korngrenzendiffusion. Eine Unterscheidung der beiden

---

[1] W. Schottky u. C. Wagner: Festkörperchemie. Z. physik. Chemie 11 (1930), S. 163.

[2] J.A. Hedvall: Einführung in die Festkörperchemie. Braunschweig 1952, Verlag Viehwig und Sohn.

Diffusionsarten wird von SCHWIETE und HECHLER [1] 1965 auf unterschiedliche Bindungskräfte der Atome und Ionen im Kristallgitter zurückgeführt. Sie führen aus, daß die Atome und Ionen der Grenzschicht weniger fest gebunden sind und daher eine höhere freie Energie besitzen. Sie sind beträchtlich aktiver als diejenigen im Inneren des Kristalles.

Bei thermischer Zersetzung werden die Stoffe durch steigende Unordnung unter Zunahme der reaktionsfähigen Oberfläche ebenfalls aktiver. Solche Aktivitätserhöhungen sind beim Brennen von Zementrohmehlen durch die Dehydration der Tonminerale und die Entsäuerung des Calciumkarbonates gegeben.

HEDVALL [2] beobachtete 1937 außerdem erhöhte Reaktionsfähigkeit bei festen Stoffen während einer Modifikationsänderung. Diese erhöhte Reaktivität wird in der Literatur als Hedvall-Effekt bezeichnet. Beim Klinkerbrand erfahren insbesondere folgende Rohmehlkomponenten Modifikationsänderungen:

a) Tonminerale durch Entwässerung
b) $CaCO_3$ durch Dissoziation und
c) Quarzpolymorphie

Die Reaktionsvorgänge zwischen den Festkörpern CaO und SiO_2 wurden 1937 von JAGITSCH [3] untersucht. Es wurde in zwei Reaktionsphasen unterschieden:

"1. Oberflächenreaktion:

Energiereiche Ca-Molekeln reißen sich aus dem CaO-Gitter und wandern zur Oberfläche des SiO_2, wo sich eine "Reaktionshaut" bildet, die für die CaO-Molekel immer undurchlässiger wird.

---

[1] H.E. Schwiete u. R.W. Hechler: Festkörperreaktionen in silikatischen Systemen. Vortrag an der VIII. Konferenz der Silikatindustrie, Budapest, 9. Juni 1965.

[2] J.A. Hedvall: Sinterung und Festkörperaktivität. DKG 30 (1953), H. 1, S. 8/13.

[3] R. Jagitsch: Untersuchungen über die Kinetik der Ca-Silikatbildung. Z.physik. Chemie Abt. B 36 (1937), S. 339/346.

2. Diffusionsreaktion:

   Für sie ist nicht mehr die Reaktions-, sondern die Diffusionsgeschwindigkeit entscheidend."

LINDNER [1] hat im Jahre 1956 analog nachgewiesen, daß sich bei der Berührung von CaO und SiO_2 eine Reaktionszone ausbildet, durch die das CaO zum SiO_2 diffundiert. de KEYSER [2] findet hingegen 1951 bei gleicher Reaktion eine Diffusion des SiO_2 in die CaO-Körner. Aufgrund seiner Untersuchungen kam er zu zwei wichtigen Folgerungen:

1. Bis zu 1200° C kommen Reaktionen nur durch Diffusion der Oxide zustande,

2. Richtung und Reihenfolge der Reaktionen sind von der Konzentration der Oxide unabhängig.

GEBAUER und FITZER [3] untersuchten 1969 den Reaktionsmechanismus und die Art der bei hohen Temperaturen entstehenden Verbindungen im Zweistoffsystem CaO-SiO_2. Die Reaktionen wurden bei Temperaturen zwischen 1000° C und 1460° C an reinem, grobkörnigem Material durchgeführt. Die Reaktionszonen wurden mit Hilfe der Mikrosonde unter-

---

[1] R. Lindner: Silikatbildung durch Reaktion im festen Zustand. Z. physik. Chemie 6 (1956), S. 129/142.

[2] W.L. de Keyser: Reaktivity in the solid state between the oxides of the cement system. Tidskr. for Tekniskvetenskapl. forskning 26 (1955), H. 7, S. 222/308.

[3] J. Gebauer u. E. Fitzer: Reaktionen zwischen Kalk und Kieselsäure bei hohen Temperaturen. ZKG 9 (1969), S. 402/406.

sucht. In Übereinstimmung mit den Ergebnissen von JAGITSCH [1] 1937 und QUITTKAT [2] 1965 wurde festgestellt, daß vorwiegend das Calcium zum Quarz- bzw. Kieselglas diffundiert. Die Autoren beobachteten, daß sich an der Oberfläche des Quarzes oder Kieselglases eine Tridymit- und Cristobalitzone bildet, in die eine von der Brenntemperatur festgelegte Menge Calcium diffundiert. Bei Temperaturen von 1000° C bis 1320° C bilden sich zunächst eine calciumarme Silikatphase mit 16 bzw. 24 % CaO und erst nach längerer Zeit größere Mengen an calciumreicheren Phasen mit 48 bis 65 % CaO. Bei 1460° C wird die Löslichkeit des CaO in SiO_2 durch die flüssige Phase höher. In der Reaktionsschicht wurden Monocalciumsilikatphasen beobachtet. Bei Diffusion des Siliciums in Kalk wurden nur die kalkreicheren Silikate, und zwar hauptsächlich C_2S gefunden. Das aus den Versuchen abgeleitete Reaktionsschema weicht von dem von HOFFMANN und JANDER [3] vorgelegten stark ab. Sie haben 1934 folgenden Reaktionsablauf im System $CaO-SiO_2$ bei Brenntemperaturen zwischen 1000° und 1200° C festgestellt:

---

[1] R. Jagitsch. Untersuchungen über die Kinetik der Ca-Silikatbildung. Z.physik. Chemie, Abt. B 36 (1937), S. 339/346.

[2] W. Quittkat: Die Phasenumbildungsvorgänge beim Zementklinkerbrennen aus Rohmehlen mit Branntkalk-, Kalkhydrat- und Kalksteinkomponente und ihre Bedeutung für den technischen Brennprozeß. TIZ 89 (1965), 15/16, S. 351/365.

[3] E. Hoffmann u. W. Jander. a.a.O.

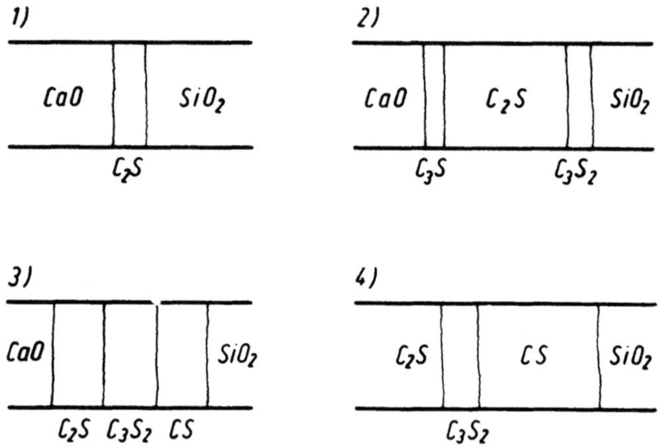

Abb. 1: Der Reaktionsverlauf im System CaO-SiO_2 bei 1000 - 1200° C (Hoffmann u. Jander)

1) Anfangs erfolgt die Bildung einer Reaktionsschicht aus C_2S. Das CaO diffundiert durch die C_2S-Schicht.

2) Durch wachsende C_2S-Schicht verlangsamt sich die Reaktion, so daß sich an der Grenzfläche C_2S-Kieselsäure C_3S_2 bildet. Eine C_3S-Bildung unterhalb 1200° C ist kaum möglich, da die Stabilitätsgrenze des C_3S oberhalb 1200° C liegt.

3) Durch die Abnahme des CaO-Angebotes an der Grenzfläche C_3S_2-Kieselsäure wird zusätzlich CS gebildet.

4) Wenn der Freikalk vollkommen abgebaut ist, erfolgt die Diffusion von CaO aus C_2S über C_3S_2 und CS zu SiO_2 unter Bildung einer zunehmenden CS-Schicht. C_3S_2 und C_2S verschwinden, solange noch SiO_2 vorhanden ist. Als Endreaktionsprodukt bleibt Wollastonit.

In Übereinstimmung dazu stehen die Ergebnisse von HILD und TRÖMEL [1] aus dem Jahre 1933. Sie untersuchten die Reaktion zwischen Calciumoxyd und Kieselsäure im Molverhältnis 1 : 1 bei 1000° C, wobei durch die Wahl verschiedenartiger Ausgangsstoffe die Reaktionsgeschwindigkeit geändert wurde. Sie stellten in allen Fällen fest, daß sich zunächst immer das Orthosilikat C_2S in seiner β-Modifikation bildet. Die noch vorhandene freie Kieselsäure reagiert dann mit dieser Verbindung zu β-CS, wobei häufig als instabiles Zwischenprodukt C_3S_2 auftritt.

KÜHL und LORENZ [2] untersuchten 1929 die Kalkbindung an Tonen im Bereich von 800° bis 1500° C. Der beobachtete Verlauf der Kalkbindung wurde graphisch dargestellt. Aus der Darstellung geht hervor, daß der Freikalk bis zu 1200° C auf ca. 20 % abnimmt. Im Gebiet der Schmelzbildung zwischen 1250° und 1350° C erfolgt eine weitere starke Bindung der noch vorhandenen Kalkmenge. Der restliche Freikalk wird im Bereich von 1350° bis 1500° C nur langsam gebunden.

QUITTKAT [3] untersuchte 1965 das Reaktionsverhalten von vier Modellrohmehlen, in denen der Kalk als Calcit, hart- und weichgebrannter Kalk und als Kalkhydrat vorlag. Er macht für die Reaktionsfähigkeit der Kalkkomponente im Rohmehl bei gleicher Feinheit deren Rekristallisationsgrad verantwortlich. Anhand mikroskopischer Untersuchungen findet der Autor, daß der Kalk als die aktive, am stärksten diffundierende Komponente seinem Brenngrad entsprechend mit den übrigen Rohmehlkomponenten in Reaktion tritt. Der Fortschritt der Reaktion erfolgt umso schneller, je weniger rekristallisiert der Kalk vorliegt.

---

[1] K. Hild u. G. Trömel: Die Reaktion von Calciumoxyd und Kieselsäure im festen Zustand. Z. für anorgan. und allg. Chemie, Bd. 215 (1933), S. 333.

[2] H. Kühl, u. H. Lorenz: Die Kalkbindung durch die Bestandteile des Tones bei fortschreitender Erhitzung von Zementrohmehl. Zement 18 (1929), S. 604.

[3] W. Quittkat: a.a.O.

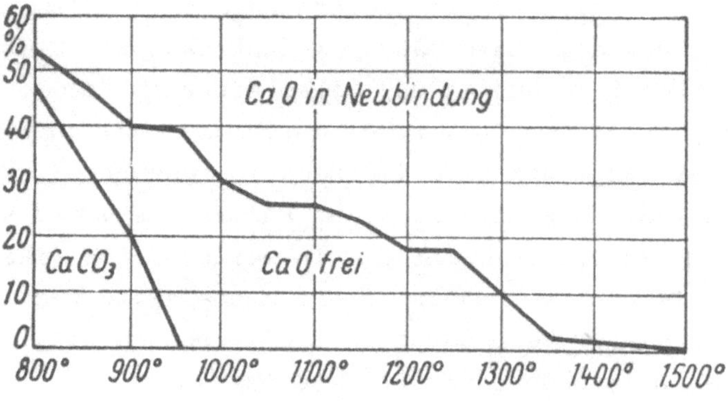

Abb. 2: Die Kalkbindung durch die Tonsubstanz (Kühl u. Lorenz)

Über die Entstehung der Schmelze wurden mehrere Arbeiten durchgeführt. WEYER [1] hat 1930 bei seinen Untersuchungen bis zu 1360° C an Systemen aus Kalk und Kaolin das Auftreten einer Schmelzphase nicht beobachtet. Dies überrascht, da nach Lage im Rankinschen Diagramm die Entstehung einer eutektischen Schmelze zwischen den kalkärmeren Silikaten und Aluminaten bereits bei 1335° C erwartet werden muß (KÜHL [2]).

In weiteren Untersuchungen über die Mineralbildung aus dem Schmelzfluß an hocherhitzten Kaolin-Kalk-Gemengen konnte eine starke Beschleunigung auch in der Bildung von Trikalciumsilikat festgestellt werden, woraus gefolgert wurde, daß die Entstehung des Trikalciumsilikates durch die Gegenwart einer Schmelzphase erleichtert wird. BOGUE [3] stellte jedoch 1952 fest, daß mit der Bildung von Trikalciumsilikat durch die Schmelzphase und durch Reaktion zwischen den festen Phasen zu rechnen ist.

---

[1] J. Weyer: Der Verlauf der Reaktion von Kaolin und Kalk bei statischer Erhitzung. Diss. Univ. Kiel 1930.

[2] H. Kühl. Zementchemie II, S. 144, Abb. 15.

[3] R.H. Bogue: Reaktionen, die bei der Herstellung von Portlandzement in festem Zustande vor sich gehen. Tonindustrie-Ztg. 76 (1952), S. 281/282.

DYCKERHOFF [1] stellt 1925 in seiner Arbeit die Erhitzungskurve eines normalen Betriebsrohmehles und eines synthetischen Rohmehles aus 66 % CaO (als Karbonat), 10 % Al_2O_3 und 1,94 % MgO - also eisenfrei - nebeneinander.

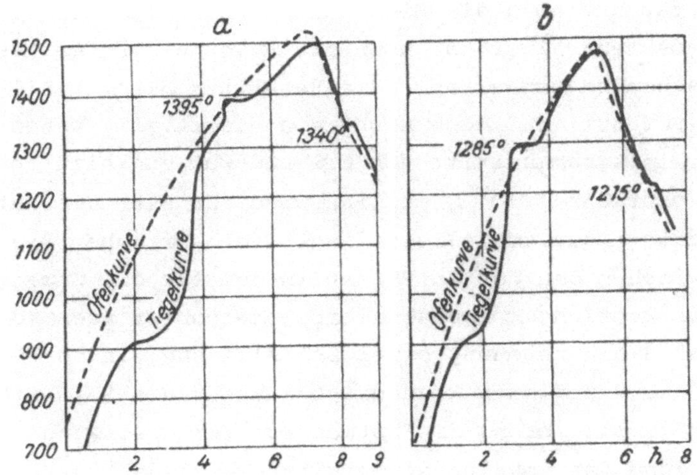

Abb. 3: Erhitzungskurven (Dyckerhoff)
a) Synthetisches Rohmehl (ohne Fe_2O_3)
b) Technisches Rohmehl

Die Kurven unterscheiden sich durch die Lage des exothermen Effektes der Alitbildung, der beim künstlichen Rohmehl bei 1395° C und damit um 110° C höher liegt als beim technischen Rohmehl. Die endotherm ablaufende Schmelzbildung kann aus der Aufheizkurve nicht, wohl aber aus der Abkühlkurve als exotherme Kristallisationswärme bei 1340° bzw. 1215° C entnommen werden. Die daraus folgende niedrigere Temperatur zur Bildung der Schmelze bei dem Ofenmehl ist auf die Anwesenheit des Eisenoxydes und der übrigen Nebenbestandteile, wie Alkalien und Sulfate, zurückzuführen. Hierdurch wird auch eine Alitbildung bei niederen Temperaturen begünstigt.

---

[1] W. Dyckerhoff: Über den Verlauf der Mineralbildung beim Erhitzen von Gemengen aus Kalk, Kieselsäure und Tonerde. Diss. Frankfurt 1925.

Zusammenfassend gibt KÜHL [1] einen Überblick über Reaktionsablauf und Entstehung der Klinkerphasen:

"Im Temperaturgebiet bis etwa 1250° C ist die Bindung des Kalkes durch die Hydraulefaktoren schon so weit fortgeschritten, daß nur noch die Bildung der kalkreichsten Verbindungen aussteht. Zwar hat auch die Bildung des C_3A aus dem $C_{12}A_7$ schon begonnen, aber die Reaktion, die zur Bildung des C_3S führt, hat noch nicht eingesetzt. Abgesehen davon, daß ein Zusammentritt von C_2S und CaO zum Alit überhaupt erst oberhalb 1250° C möglich wird, da hier die untere Stabilitätsgrenze des Alites liegt, verläuft aber die Reaktion zwischen den festen Phasen in dem für die Zementbrennerei in Betracht kommenden Temperaturgebiet noch so langsam, daß die Entstehung einer Schmelzmasse, in der sich CaO und C_2S auflösen können, um aus ihr als Alit wieder auszukristallisieren, die notwendige Voraussetzung für die Bildung des Portlandzementklinkers bildet."

Über die Phasenneubildung beim Klinkerbrand führte de KEYSER [2] 1955 Untersuchungen durch. Als Rohmaterial dienten ihm Mischungen aus reinen Oxyden und Tonen, was zur Folge hat, daß die Bildungstemperaturen höher liegen als bei natürlichem Rohmehl. Die Reihenfolge der Mineralbildung beschreibt er wie folgt:

800° C:	C_2F
900° C:	C_2F-CF
1000° C:	C_2S-C_2AS-CF-C_2F
1100° C:	C_2S-C_5A_3-C_3A-C_3S?-CF-C_2F
1200° C:	C_2S-C_3A-C_5A_3-C_2F-C_3S?
1300° C:	C_3A-C_3S -C_2S-C_2F
1400° C:	C_3A-CS-C_2F-C_6A_2F

Bei reinen Oxydmischungen treten bei 1000° C statt Gehlenit CA und C_2S auf.

---

[1] H. Kühl: Zementchemie II (1958), S. 293, Abs. 3.

[2] W.L. de Keyser: a.a.O.

SCHWIETE und GOERG [1] führten 1958 Untersuchungen über die Reaktion der Mischungen von Kalciumcarbonat mit Kaolinit, Montmorillonit und Illit im Temperaturbereich von 900° bis 1450° C durch. Sie stellten fest, daß neben der Reaktionsgeschwindigkeit die Reaktionsprodukte wesentlich von der Tonmineralart beeinflußt wurden. Eine Darstellung des Reaktionsablaufes in Kalk-Kaolinit-Mischungen gibt die Untersuchungsergebnisse wieder.

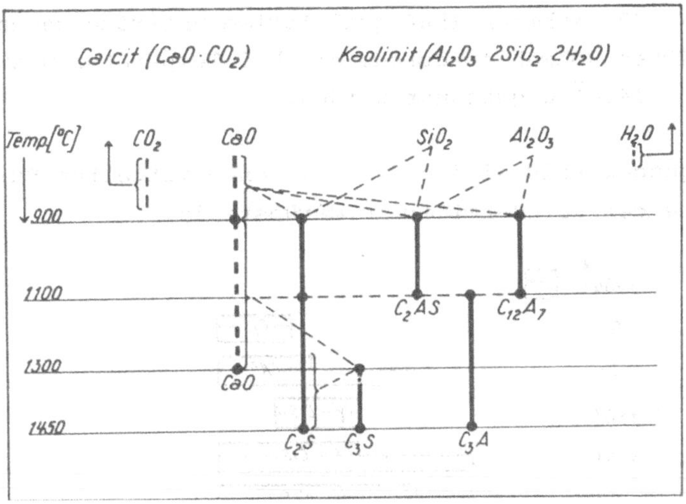

Abb. 4: Darstellung des Reaktionsablaufes in Kalk-Kaolinit-Mischungen bei verschiedenen Temperaturen (Schwiete u. Goerg)

---

[1] H.E. Schwiete u. W. Goerg: Bindungen des CaO an die saure Komponente im natürlichen hochhydraulichen Kalk. Bundesverband der deutschen Kalkindustrie (1958), H. 3, S. 207/223.

WEBER [1] untersucht im Jahre 1959 Klinkerproben, die er in Abständen unterschiedlichen Drehofensystemen entnimmt. Er findet röntgenographisch die ersten Phasenneubildungen bei etwa 700° C. Das sind CA, $C_{12}A_7$ und C_2S. Die Anteile der genannten Phasen nehmen bis zu 900° - 1000° C zu. In diesem Temperaturbereich trat auch C_4AF auf. Bei 1400° C wurden CA und $C_{12}A_7$ nicht mehr beobachtet. Dafür ist C_3A entstanden. Der Anteil an C_2S hat abgenommen und der Alitgehalt stark zugenommen. LEHMANN, LOCHER und THORMANN [2] führten 1964 qualitative Untersuchungen an künstlichen Rohmehlen durch, die bei Temperaturen zwischen 850° und 1450° C gebrannt wurden.

Im folgenden Bild sind die von ihnen ermittelten Existenzbereiche der Klinkerminerale dargestellt.

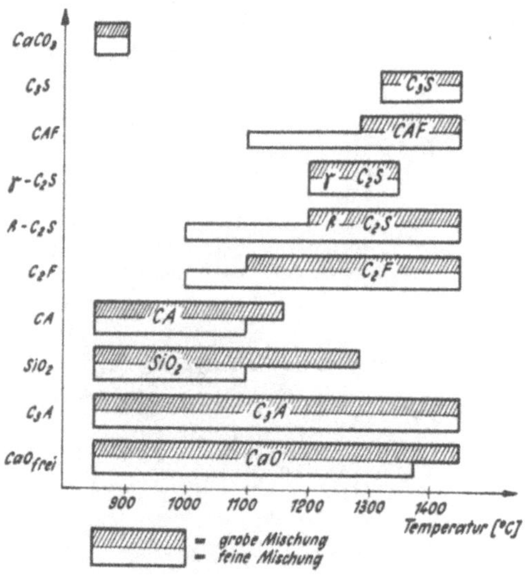

Abb. 5: Existenzbereiche der Minerale nach röntgenographischer Untersuchung (Lehmann, Locher, Thormann)

---

[1] P. Weber: Wärmeübergang im Drehofen unter Berücksichtigung der Kreislaufvorgänge und der Phasenbildung. Diss. Clausthal 1959.

[2] H. Lehmann, F.W. Locher u. P. Thormann: Der Einfluß der Kalksteinkorngröße auf die Klinkermineralbildung im Temperaturbereich von 850° bis 1450° C. TIZ 88 (1964), Nr. 23/24, S. 489/547.

Die in der Literatur hinsichtlich der Mineralbildung beim Klinkerbrand beschriebenen Beobachtungen sind in der nachfolgenden Tabelle einander gegenübergestellt.

Bildungstemperaturen von Klinkerphasen [Literatur]

Brenntemp.	Schwiete, Rennen (1964)		Lehmann Locher Thormann (1964)	Quittkat (1965)	Keil (1971)	de Keyser (1955)	Weber (1959) Lepolofen	Weber (1959) Schwebegas	Weber (1959) Naßdreh. (lang)	Schwiete, Ludwig Müller-Hesse (1960)	
500- 600									C_2S?		
600- 700									$CA-C_{12}A_7$		
700- 800				β-C_2S	$CA-C_2F$ C_2S		C_2S-CA	$C_{12}A_7$			
800- 900	850°C: $C_2S-C_2AS-CAS$ Anorthit Mullit	850°C: $CA-C_2AS-$ C_2S Anorthit	$CA-C_3A$	850°C: C_3A		C_2F	$C_4AF-C_{12}A_7-$ C_3A	$C_2S-C_2F-C_4$ AF-CA	C_3A-C_4AF- C_3S?		
900-1000						CF				β-$C_2S-C_2AS-C_{12}A_7$	$C_2AS-C_{12}A_7$ C_2S
1000-1100			β-C_2S-C_2F	$C_{12}A_7-CA-C_4AF-$ C_2AS	C_3A	C_2S-C_2AS		C_3A			
1100-1200			γ-C_2S	1100-1220°C: γ-C_2S; C_3A nimmt zu C_2AS nimmt ab		$C_5A_3-C_3A-$ C_3S?	C_3S?			C_3A	C_3A
1200-1300			C_3S-CAF	1280°C: C_3S;γ-C_2S nimmt ab				C_3S			
1300-1400										C_3S	C_3S
1400-1500					C_3S- C_4AF	C_6A_2F					
	ungemahlen	gemahlen	Modellrohmehle: Kalkstein Kaolin Illit Quarzmehl Fe_2O_3 p.a.	Modellrohmehle: Kalkstein: Hartbrand Weichbrand Kalkhydrat Tonschiefer Normensand KSt = 95 SM = 2,5 TM = 2,3	Ofenmehl	Modellrohmehl: reine Oxide Ton	Illitische Ofenmehle Probenahme erfolgte an Bohrungen entlang des Ofenmantels			Modellrohmehle: $CaCO_3$: Kaolinit 3 : 1 (Gewichtsanteile)	$CaCO_3$:Illit 3 : 1 (Gewichtsanteile)
	75 % CaO 25 % Kaolin Reaktionsdauer: 24 Tg.										

Nach den tabellarisch erfaßten Temperaturen der Klinkermineralbildung ist im Bereich von 600° bis 1500° C insgesamt mit der Bildung folgender Klinkerphasen zu rechnen.

Brenntemperatur (°C)	Mögliche Klinkerphasenbildung
600- 700	$CA-C_{12}A_7$
700- 800	$CA-C_{12}A_7-C_2F-C_2S$
800- 900	$CA-C_{12}A_7-C_4AF-C_2F-C_2AS-CAS_2-C_2S-C_3S?-C_3A$
900-1000	$CA-C_{12}A_7-C_4AF-C_2AS-C_3A-C_2S$
1000-1100	$CA-C_{12}A_7-C_4AF-C_2AS-C_2S-C_3A$
1100-1200	$C_5A_3-C_4AF-C_3A-C_2S-C_3S?$
1200-1300	$C_4AF-C_3A-C_2S-C_3S$
1300-1400	$C_4AF-C_3A-C_2S-C_3S$
1400-1500	$C_4AF-C_3A-C_2S-C_3S$

Es ist darauf hinzuweisen, daß WEBER [1] bereits bei Temperaturen zwischen 300° und 400° C C_2S und zwischen 800° und 900° C sowie zwischen 1100° und 1200° C das Auftreten von C_3S? beobachtete. Dies kann möglicherweise auf eine Verschleppung im Ofensystem zurückzuführen sein.

---

[1] P. Weber: a.a.O.

2.2 Einflüsse auf den Reaktionsablauf

2.2.1 Mahlfeinheit

Wie schon in der einleitenden Literaturübersicht kurz beschrieben, bestimmt nach HEDVALL [1] der Energieinhalt eines Systems neben der Temperatur die Reaktionsgeschwindigkeit. Wollte man den Reaktionsablauf beschleunigen, so müßte dies u.a. durch Vergrößerung der Oberfläche und/oder durch Änderung der Kristallgitter erfolgen. Eine Möglichkeit dafür besteht in der Feinmahlung des Materials, wodurch die Oberfläche und die Kristallstruktur verändert und damit der Energieinhalt erhöht wird.

Mehrere Autoren haben den Einfluß der Kornfeinheit im Rohmaterial auf den Reaktionsablauf näher untersucht. In einer Untersuchung aus dem Jahre 1952 über die Sinterfähigkeit von Rohmehlen ermittelte MUSSGNUG [2] die Abhängigkeit des Reaktionsablaufes von der Mahlfeinheit zweier technischen Rohmehle aus Kalkstein und Hochofenschlacke bzw. Kalkstein und Ton ohne Angabe der Rohmehlzusammensetzung.

Zur Beurteilung der Feinheit diente der Kornanteil > 90 µm. Die Brenntemperatur betrug 1300° und 1400° C, die Brenndauer 30 Minuten. Beim Einbringen der Proben war der Widerstandsofen bereits auf die entsprechende Temperatur gebracht, so daß die Erwärmung sehr schnell erfolgte. Die Abkühlung des Klinkers wurde ebenfalls in kurzer Zeit durchgeführt. Die Ergebnisse zeigen u. a. den günstigen Einfluß der Feinmahlung.

---

[1] J.A. Hedvall: a.a.O.

[2] G. Mußgnug: Sinterfähigkeit von Rohmehlen. Tagungsbericht d. Zementindustrie (1952), H. 7, S. 33/55.

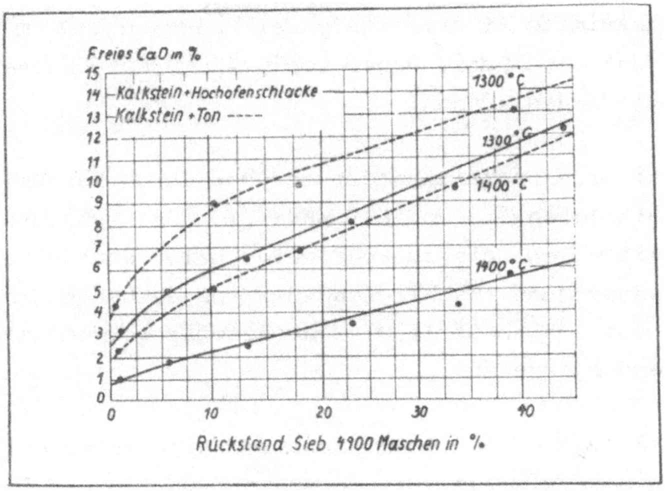

Abb. 6: Einfluß der Mahlfeinheit des Rohmehles auf den Reaktionsablauf bei der Sinterung (Mußgnug)

Der Einfluß der Mehlzusammensetzungen auf die Sinterbarkeit ist ohne chemische Daten nicht diskutierbar.

Aus den Untersuchungen von KÜHL und PERKOWITZ [1] aus dem Jahr 1933 an künstlichen Rohmehlen mit Quarzkornzusätzen von 15 μm bis 1,07 mm Durchmesser ergab sich bei Brennversuchen mit Granalien nach 20 Minuten Brenndauer bei 1400° C:

1. daß Quarzkörner bis zu 80 μm vollständig aufgebraucht wurden und

---

[1] H. Kühl u. B. Perkowitz: Die Quarz-Kieselsäure im Zementrohmehl. TIZ 57 (1933), Nr. 25, S. 297/298.

2. daß die maximale Eindringtiefe der Reaktion 210 µm betrug, daß also Quarzkörner von 0,42 mm Durchmesser umgesetzt werden können.

Umfangreiche Brennbarkeitsuntersuchungen durch Bestimmung der Restfreikalkgehalte von HEILMANN [1] aus dem Jahre 1952 an Rohmehlgranalien, die zunächst eine halbe Stunde bei 950° C entsäuert und anschließend der vorgesehenen Brenntemperatur von 1350° bis 1550° C ausgesetzt worden waren, haben folgendes ergeben:

1. Im Bereich von 4 bis 17 mm Granaliendurchmesser ergab sich kein Einfluß auf die Brennbarkeit,

2. Die Brennbarkeit wurde verbessert durch

   2.1 Verminderung des Anteiles groben Quarzes (100-400 µm) auf 0,5 %
   (Brenntemperaturen: 1450° bis 1550° C)

   2.2 Verminderung des Anteiles groben, reinen Calcites > 150 µm auf 5 %
   (Brenntemperaturen: 1500° bis 1600° C)

Die Versuche wurden bei sehr hohen Brenntemperaturen ausgeführt und auf praxisnahe Brennzeiten von 20 und 30 Minuten bezogen.

DYCKERHOFF [2] untersuchte 1957 den Einfluß der Feinheit des Quarzanteiles auf die Brennbarkeit von Zementrohmehlen

---

[1] T. Heilmann: The influence of the fineness of cement raw mixes on the burnability. 3. Internat. Sympos. chemistry Cement. London, Sept. 1952, S. 711/749.

[2] K. Dyckerhoff: Untersuchungen an Zementmischungen mit sehr hohem Silikatmodul. Diss. Clausthal 1957.

hohen Silikatmoduls. Zur Klärung wurden unter gleichen Versuchsbedingungen zehn Mischungen gebrannt, bei denen nur die spezifische Oberfläche des verwendeten Quarzmehles verändert wurde. Der Autor stellt fest, daß der Gehalt an freiem Kalk mit wachsender Oberfläche linear abnimmt. Eine maximale Kalkbindung ist bei einer Oberfläche von 14.000 cm^2/g erreicht. Rohmehl mit einer Quarzoberfläche von 21.000 cm^2/g reagierte nur unmerklich besser als das entsprechende mit 14.000 cm^2/g. Die Ergebnisse werden durch Untersuchungen an Rohmehlen mit anderen natürlichen (Kieselkalke und Klebsand) und künstlichen (Cristobalit und Quarzglas) Kieselsäureträgern bestätigt.

LEHMANN, LOCHER und THORMANN [1] führten 1964 Untersuchungen über den Einfluß der Kalksteinkorngröße auf die Klinkermineralbildung im Temperaturbereich zwischen 850° und 1450° C (Aufheizung: 8° C/min., Temperzeit: 30 min) an Granalien künstlich hergestellter Rohmehle (Kalkstandard = 96) durch.

Aus der Abbildung 7 geht hervor, daß der Reaktionsfortschritt in erheblichem Maße von der Kalksteinkorngröße abhängt und mit abnehmender, mittlerer Kalksteinkorngröße zunimmt. Nach Erreichen der für die Schmelzbildung erforderlichen Temperatur von ca. 1250° - 1350° C nimmt der Einfluß der Kalksteinkorngröße, gekennzeichnet durch "D" als Differenz zwischen den mittleren Kalksteinkorngrößen 2 und 100 µm, stark ab.

---

[1] H. Lehmann, F.W. Locher u. P. Thormann: Einfluß der Kalksteinkorngröße auf die Klinkermineralbildung im Temperaturbereich von 850° bis 1450° C. TIZ 88 (1964), S. 489/537.

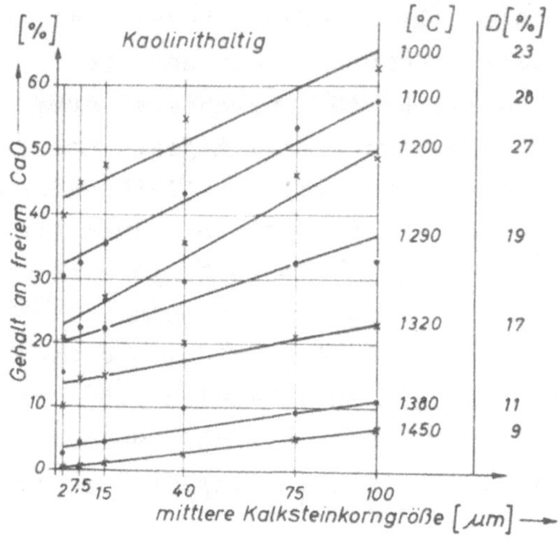

Abb. 7: Der Einfluß der Kalksteinkorngröße auf den Reaktionsfortschritt bei verschiedenen Temperaturen (Lehmann, Locher, Thormann)

THORMANN [1] führte im Jahre 1968 Betriebs- und Laboruntersuchungen über den Einfluß gemeinsamer und getrennter Vermahlung von Kalkmergel und Sand auf deren Sinterbarkeit durch und folgert, daß die Feinheit der Quarzkomponente des Rohmehles zu 70 % kleiner 63 µm betragen sollte, damit ein günstiger Verlauf der Klinkerbildung erreicht wird. Die Reaktivität wurde über die Alitbildung und die Freikalkabnahme ermittelt.

PFRUNDER und WICKERT [2] untersuchten 1970 den Einfluß der Mahlfeinheit eines Zementrohmehles auf dessen Sinterbarkeit. Die chemische Zusammensetzung des Mehles wurde nicht angegeben. Die Überprüfung des in einer Laborkugel-

---

[1] P. Thormann: Über die Bedeutung der getrennten Vermahlung von Kalkmergel und Sand für die Klinkermineralbildung beim Zementbrennen. TIZ 92 (1968), Nr. 1, S.7/11.

[2] Pfrunder u. H. Wickert: Einige Versuche über den Einfluß der chemischen Zusammensetzung und der Mahlung auf die Sinterung von Zementrohmehlen. ZKG Nr. 4 (1970), S. 147/151.

mühle verfeinerten Rohmaterials erfolgte durch Sedimentation nach Andreasen an den Körnungen > 6 µm und ergab, daß nach zweistündiger Mahldauer die Feinheit konstant blieb. Es überraschte daher die Feststellung, daß nach einem Brand bei 1370° C und 15 Minuten Haltezeit der Freikalkgehalt noch abnahm, wenn das Rohmehl 8 Stunden gemahlen worden war. Die Untersuchungsergebnisse sind in der folgenden Abbildung dargestellt.

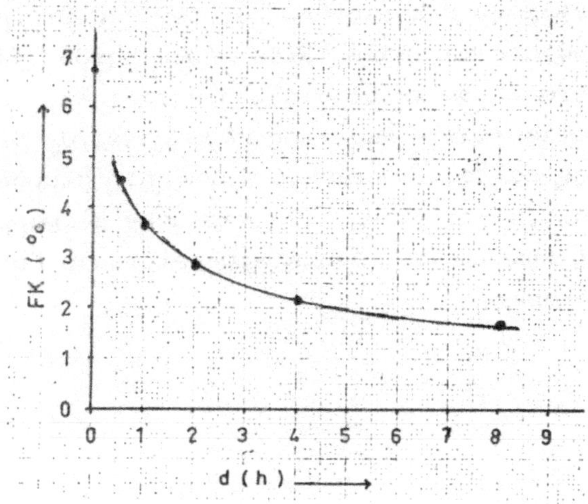

Abb. 8: Freier Kalk in Abhängigkeit von der Mahldauer (Pfrunder u. Wickert)

Der zunehmende Einfluß der Mahldauer auf die Sinterbarkeit des Rohmehles wird von den Autoren auf die in der Einleitung erwähnten Kristallgitterdefekte zurückgeführt.

JOHANSEN [1] hat 1972 theoretische Überlegungen und praktische Untersuchungen über die Auflösung von freiem Kalk im Klinker bei 1500° C mitgeteilt. Er fand, daß die Reaktion diffusionskontrolliert ist und dem Fick'schen Gesetz folgt. Die auf 1500° C bezogenen Versuche besagen, daß Kalksteinkörner von 120 µm Durchmesser in 20 Minuten Haltezeit noch umgesetzt sein können und gestatten eine Vorausbeurteilung der Brennbarkeit bei gegebener Mahlfeinheit.

Zusammenfassend ergibt sich aus der Literaturauswertung, daß die maximale Quarzkorngröße bei 1400° C Brenntemperatur 420 µm und die maximale Kalksteinkorngröße 120 µm bei 1500° C Brenntemperatur nicht übersteigen sollte, damit eine vollständige Reaktion möglich wird. Die Anteile groben Quarzes sollten dabei 0,5 % und die groben Calcites 5 % nicht übersteigen. Die Versuche zeigen aber auch, daß mit zunehmender Brenntemperatur die Korngrößeneinflüsse abnehmen.

---

[1] V. Johansen: Burnability of Raw Mix. A Theoretical Approach to the Size of CaO-Particles. 74th Annual Meating of The American Ceramic Society, Washington 1972.

2.2.2 Kieselsäure- und Silikatmodul

Unter dem Kieselsäuremodul ist das Verhältnis von SiO_2 zu Al_2O_3 zu verstehen. Er unterscheidet sich vom Silikatmodul durch die fehlende Fe_2O_3-Komponente.

Erwartungsgemäß erhöht sich mit steigendem Kieselsäuremodul nach SPOHN und KNÖFEL [1] bei konstantem Kalkstandard und Tonerdemodul im Klinker der Anteil an Alit. Der Belitgehalt bleibt konstant, während der Aluminat- und der Ferritgehalt und damit die Schmelzanteile während der Klinkerbildung abnehmen.

MUSSGNUG [2] schreibt in seiner Arbeit über die Sinterfähigkeit von Rohmehlen, daß diese in weitgehendem Maße vom Kalksättigungsgrad, dem Kieselsäure- und dem Tonerdemodul beeinflußt wird. Der Autor hat den von MEADE [3] 1926 schon einmal als Aktivitätsindex vorgeschlagenen Begriff Kieselsäuremodul zur Beurteilung der Sinterbarkeit und Ansatzbildung verwendet. Die von Mußgnug durchgeführten Untersuchungen sollten u. a. über den Einfluß des Kieselsäuremoduls auf die Sinterbarkeit künstlicher Rohmehle Aufschluß bringen. Über die angewendeten Bedingungen wurde bereits im Abschnitt 2.2.1 berichtet. Er ging von einem Rohmehl aus, dessen Kalksättigungsgrad bei 95 und dessen Tonerdemodul bei 2,5 lag. Der Kieselsäuremodul wurde zwischen 2 und 5 variiert. Die Abhängigkeit des Freikalkgehaltes von Kieselsäuremodul und Brenntemperatur ist in der folgenden Abbildung wiedergegeben.

---

[1] E. Spohn u. D. Knöfel: Der quantitative Phasengehalt im Portlandzementklinker. ZKG Nr. 10 (1969), S. 474.

[2] G. Mußgnug: a.a.O. (1932)

[3] R.K. Meade: Portland Cement. Easton, Pa., (1926).

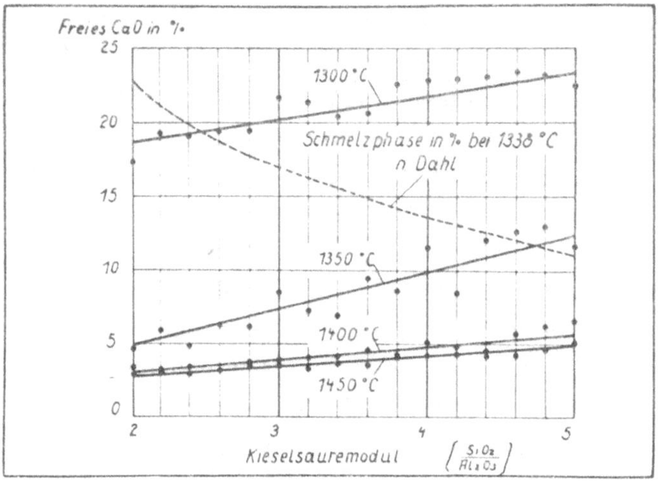

Abb. 9: Freier Kalk von Klinkern mit verschiedenem Kieselsäuremodul, Kalksättigungsgrad = 95, Tonerdemodul = 2,5 (Mußgnug)

Mit steigendem Kieselsäuremodul verschlechtert sich die Sinterfähigkeit. Außerdem ist zu beobachten, daß zwischen den Brenntemperaturen 1300° und 1350° C ein hoher Unterschied von 10 % im freien Kalk liegt. Zwischen 1400° und 1450° C ist diese Differenz nur noch gering. Der niedrigste Freikalkanteil beträgt ca. 2,5 % und liegt bei einem Kieselsäuremodul von 2 und einer Brenntemperatur von 1450° C.

DYCKERHOFF [1] weist auf Rohstoffvorkommen hin, die sich ausgezeichnet brennen lassen, obwohl ihr Silikatmodul bei

---

[1] K. Dyckerhoff: a.a.O. (1957)

6,0 oder sogar 12,0 liegt. Dieser bis dahin offensichtliche Widerspruch gab den Anlaß für seine Untersuchungen über den Einfluß des Silikatmoduls auf die Sinterbarkeit natürlicher und künstlicher Rohmehle. Die Brennbedingungen, Silikat- und Tonerdemoduli, die Standardkalke und die Kornanteile des Salzsäureunlöslichen > 20 μm und der Freikalk nach dem Brand sind in der folgenden Tabelle zusammengestellt.

Rohmehle	Bologna Italien	Noworossijsk UDSSR	Buenos Aires Argentinien	Le Teil II Frankreich
SM	5,5	11,7	5,5	19,5
TM	0,9	1,2	9,9	2,5
KSt	95,8	92,2	87,3	92,6
Kornanal.: >20 μm (%)+)	2,0	5,9	51,0	0,0
Freikalk n. dem Brand	0,14	0,55	2,9	6,08

+) vom Salzsäureunlöslichen

Brennbedingungen:

von 20° bis 1100° C - 10° C/min
von 1100° bis 1450° C - 3° C/min
Haltezeit bei 1450° C - 45 min
Abkühlung an Luft
Granalien mit 12 - 15 mm Ø

Tabelle: Untersuchungen an Rohmehlen mit hohem Silikatmodul (Dyckerhoff)

Die gute Brennbarkeit des italienischen und des russischen Mehles wird als Folge der hohen Quarzfeinheit, die schlechte des argentinischen und des französischen Mehles als

Folge groben Quarzes gedeutet, obwohl im französischen Mehl nur mikroskopisch "vereinzelte grobe Quarzkörner von 60 - 70 µm" beobachtet wurden.

Zur Untersuchung an Modellrohmehlen (Kalkstandard = 95, Tonerdemodul = 1) wurden chemisch reine Komponenten verwendet. Der zugesetzte Quarz mit einer Oberfläche von 14.000 - 16.000 cm^2/g hatte einen SiO_2-Gehalt von 97 % und einen Al_2O_3-Gehalt von 2,4 %. Der Silikatmodul wurde varriert. Die Ergebnisse zeigten, daß die Menge an freiem Kalk im Klinker bis zu einem Silikatmodul von 40 auf 5 % ansteigt und sich bei weiterer Steigerung nicht mehr ändert. Bis zu einem Silikatmodul von 20 betrug der Freikalkgehalt noch weniger als 1 %.

In einer weiteren Versuchsreihe (Kalkstandard = 95, Tonerdemodul = 1) erfolgte die Änderung des Silikatmoduls durch Zugabe von gefälltem SiO_2 mit einer Oberfläche von ca. 32.000 cm^2/g. Hier ergaben nur Proben mit Silikatmoduli von 4 und 7 dichte Klinker. Höhere Silikatmoduli führten zum Zerrieseln der Klinker und steilem Anstieg des Freikalkes, ohne daß eine Erklärung hierfür gegeben werden kann.

Zusammenfassend kann aus den Versuchen von Dyckerhoff gefolgert werden, daß es möglich ist, Zemente hohen Silikatmoduls herzustellen. Die Brennbarkeit hängt dann in erster Linie von der Verteilung der Rohmehlkomponenten ab.

Der Kieselsäure- bzw. Silikatmodul des Rohmehls ist ein grobes Maß für den zu erwartenden Schmelzanteil während der Klinkerbildung. Zunahmen dieser Moduli bedeuten Abnahmen des Schmelzanteiles und damit ungünstigere Brennbarkeit. Vorliegende Untersuchungsergebnisse bestätigen diesen Einfluß. Zusätzlich zeigt sich aber aus Erfahrungen der Praxis und Versuchen, daß auch Rohmehle mit hohem Silikatmodul von > 10 bei günstigem Kornaufbau des Rohmehls gebrannt werden können.

2.2.3 Tonerdemodul

Der Tonerdemodul ergibt sich aus dem Verhältnis von Aluminium- zu Eisenoxid. Zur Beurteilung der Brennbarkeit von Zementrohmehlen muß neben dem Silikatmodul der Tonerdemodul berücksichtigt werden, da die im vorhergehenden Teil beschriebene Erkenntnis, daß mit geringer werdendem Silikatmodul die Sinterbarkeit begünstigt wird, nur so lange gilt, als der Tonerdemodul für Zementrohmehle normale Werte aufweist.

Es ist verständlich, daß es für eine leichte Sinterung nicht nur auf eine Schmelzbildung bei möglichst niederer Temperatur, sondern auch auf einen genügend großen Anteil an Schmelze am Gesamtsystem ankommt. In einem normal zusammengesetzten Rohmehl sind Kalk und Kieselsäure stets im Überschuß vorhanden. Die Menge der Sinterschmelze muß also vom Gehalt an Tonerde und Eisenoxyd abhängen. Aus dem System Kalk-Tonerde-Eisenoxyd-Kieselsäure nach LEA und PARKER [1] ist zu entnehmen, daß der Tonerdemodul in der Schmelze 1,38 beträgt. Die Erklärung hierfür geht aus der Lage des Punktes T im Tetraederdiagramm der Autoren hervor. Daraus läßt sich ableiten, daß die Sinterschmelze, die bei 1338° C mit den vier Phasen C_3S, C_2S,

---

[1] F.M. Lea u. T.W. Parker: The Quarternary System $CaO-Al_2O_3-SiO_2-Fe_2O_3$ in Relation to Cement Technology. Building Res. Techn. Paper No. 16.

C_3A und C_4AF im Gleichgewicht steht, 54,8 % CaO, 22,7 % Al_2O_3, 16,5 % Fe_2O_3 und 6 % SiO_2 enthält. Daher wird in Rohmischungen mit einem Tonerdemodul > 1,38 das Eisenoxyd und in solchen mit einem Tonerdemodul < 1,38 die Tonerde für die Bildung der Sinterschmelze zuerst aufgebraucht werden und damit jeweils den Mengenanteil der Schmelze bestimmen. Dies bestätigt DAHL [1] im Jahr 1939 mit dem Hinweis, daß die Menge der eutektischen Schmelzphase von der chemischen Zusammensetzung des Systems insofern abhängt, als ihre Bildung in dem Augenblick aufhören muß, in welchem zumindest einer der zu ihrer Bildung erforderlichen Bestandteile der Rohmischung aufgebraucht ist. Dies bedeutet in unserem Fall nach KÜHL [2], daß in tonerdereichen Rohmischungen mit einem Tonerdemodul > 1,38 Eisenoxyd und in eisenreichen Rohmischungen mit einem Tonerdemodul < 1,38 die Tonerde als Flußmittel wirken muß. Übereinstimmend damit fanden BOGUE und TAYLOR [3] im Jahre 1932 das beste Sinterverhalten bei Rohmischungen mit einem Tonerdemodul zwischen 1,24 und 1,43.

MUSSGNUG [4] untersuchte Rohmehle, bei denen der Kalksättigungsgrad mit 95 und der Kieselsäuremodul mit 3,2 konstant gehalten wurden, während der Tonerdemodul zwischen 0,5 und 5,0 schwankte. Die Änderung des Tonerdemoduls wurde durch Korrektur der Eisen-, Kieselsäure- und Kalkgehalte vorge-

---

[1] L.A. Dahl. Estimation of Phase Composition of Clinker in the System 3 $CaO.SiO_2$ - 2 $CaO.SiO_2$ - 3 $CaO.Al_2O_3$ - 4 $CaO.Al_2O_3.Fe_2O_3$ at Clinkering Temperatures. Rock.Prod. 41 (1938), Nr. 9, 48-50; Nr. 10, 46-48; Nr. 11, 42-44; Nr. 12, 44-47; 42 (1939) Nr. 1, 68-70; Nr. 2, 46-49; Nr. 4, 50-53; Übers.u.erl.von K. Seidel, Zement 28 (1939), S.649ff, 657ff, 667ff, 679 ff.

[2] H. Kühl: a.a.O.

[3] R.H. Bogue u. W.C. Taylor: Portl.Cem.Assoc.Res.Reports, Dez. 1932.

[4] G. Mußgnug: a.a.O.

nommen. Der Eisenoxydgehalt, der die stärkste Korrektur erfahren hat, variierte zwischen 1,5 und 12 %, der Kieselsäuregehalt zwischen 18 und 22 % und der Kalkgehalt zwischen 65 und 70 %. Der Tonerdegehalt blieb nahezu konstant. Das folgende Bild läßt erkennen, daß der Gehalt an freiem Kalk bei steigendem Tonerdemodul, abnehmenden Schmelzanteilen und abnehmenden Brenntemperaturen ansteigt. Es ist jedoch zu beachten, daß bei konstanter Kalksättigung das Kalkangebot mit dem Tonerdemodul ansteigt.

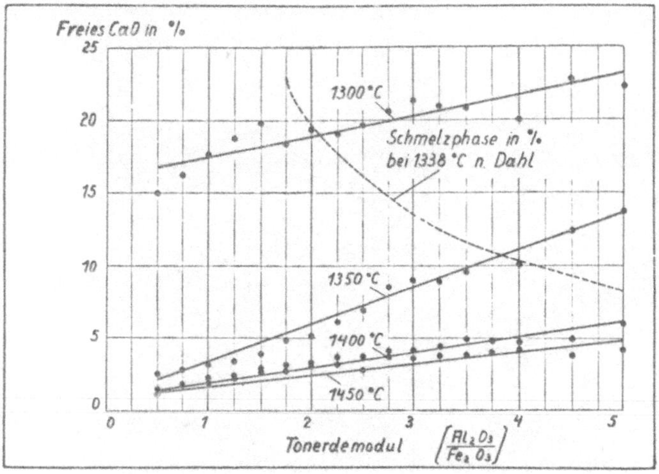

Abb. 10: Freier Kalk von Klinkern mit verschiedenem Tonerdemodul. Kalksättigungsgrad = 95, Kieselsäuremodul = 3,2 (Mußgnug)

Richtiger ist der Versuchsansatz von LEHMANN, LOCHER und THORMANN [1], die bei ihren Untersuchungen über den Einfluß der Kalksteinkorngröße von einem Betriebsrohmehl ausgingen, dessen Kalkstandard mit 96 konstant gehalten und dessen Tonerdemodul auf 0,5, 1,3 und 2,2 eingestellt wurde. Der Silikatmodul lag bei 3,0. Die Autoren folgern aus ihren Untersuchungen, daß mit steigendem Tonerdemodul von 0,5 auf 2,2 der Gehalt an freiem CaO um durchschnittlich 5 % abnimmt.

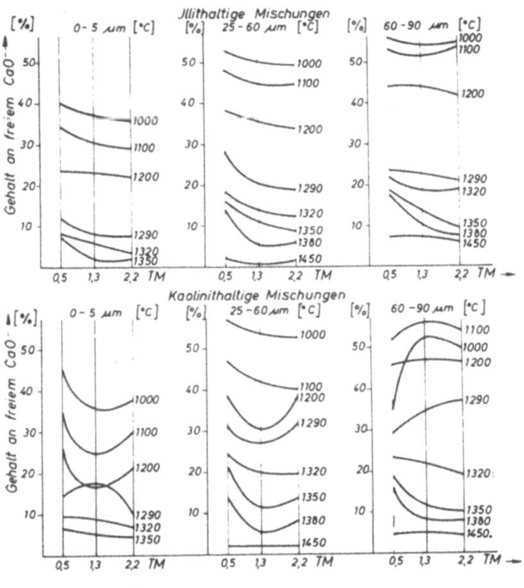

Abb. 11: Gehalt an freiem CaO als Funktion des Tonerdemoduls bei verschiedenen Temperaturen (Lehmann, Locher, Thormann)

[1] Lehmann, Locher u. Thormann: a.a.O. (1964)

Diese Abnahme des Freikalkes sei mit Ausnahme von 1450° C unabhängig von der Brenntemperatur. Daraus schließen die Autoren, daß die Menge der Schmelzphase als Folge der Änderung des Tonerdemoduls auf den Freikalkgehalt keinen Einfluß hat. Sie behaupten, daß die Änderungen des Freikalkgehaltes deshalb nur auf einen unterschiedlich starken Ablauf der Reaktionen im festen Zustand zurückgeführt werden können.

Nach unserer Interpretation ist ein Einfluß der Temperatur bei beiden Rohmehlen im Bereich der Schmelzbildung zwischen 1200° und 1350° C insbesondere mit zunehmenden Korngrößen klar ersichtlich, wobei die Bereiche für illitische Mehle zwischen 1200° und 1290° C und für kaolinitische Mehle zwischen 1290° und 1350° C liegen. Auch sind unseres Erachtens im Ansatz Zeichen für ein zu erwartendes günstiges Brennverhalten bei einem Tonerdemodul = 1,3 gegeben.

Zusammenfassend ist festzustellen, daß die Meinungen über den Einfluß des Tonerdemoduls auf die Brennbarkeit von Rohmehlen zunächst gegenläufig erscheinen und sich nur zum Teil besonders günstige Brennbarkeiten bei einem Tonerdemodul von ca. 1,3 erkennen lassen.

2.2.4 Kalksättigungsgrad und Kalkstandard

KÜHL [1] hat aus dem hydraulischen Modul zunächst die Berechnung des Sättigungskalkes und dann unter Berücksichtigung der Untersuchungen von SPOHN [2] aus dem Jahr 1932 die Berechnung des Standardkalkes entwickelt.

---

[1] H. Kühl: Die Zementmoduln. TIZ (1930), I, S. 389.

[2] E. Spohn: Die Kalkgrenze des Portland Zementes. Zement (1932), S. 702.

Der Sättigungskalk bezeichnet diejenige Kalkmenge, die die Rohmehlkomponenten SiO_2, Al_2O_3 und Fe_2O_3 im Subsolidusbereich unter Gleichgewichtsbedingung zu binden vermögen, wohingegen der Standardkalk die bei Sintertemperatur gebundene Kalkmenge erfaßt. Der Kalkstandard ergibt sich zu:

$$KSt\ I = \frac{100\ CaO}{2{,}8\ SiO_2 + 1{,}1\ Al_2O_3 + 0{,}7\ Fe_2O_3}$$

Aufgrund der Versuchsergebnisse von LEA und PARKER [1] ergab sich dann eine Modifizierung zu:

$$KSt\ II = \frac{100\ CaO}{2{,}80\ SiO_2 + 1{,}18\ Al_2O_3 + 0{,}65\ Fe_2O_3}$$

Kühl, wie auch andere Autoren, haben bei der Entwicklung der Kalkstandardformel Nebenbestandteile wie Alkali, MgO, SO_3, P_2O_5 und TiO_2 nicht berücksichtigt, obwohl diese Komponenten in solchen Mengen vorliegen können, daß dadurch die Kalkgrenze beeinflußt wird. SPOHN, WOERMANN und KNOEFEL [2] haben daher im Jahr 1969 vorgeschlagen, die Kalkstandardformel unter Berücksichtigung des MgO-Gehaltes zu verfeinern. Als Grundlage dafür dienten Untersuchungen über das CaO/MgO-Verhältnis und die Magnesiagrenze in Modellklinkern unter Berücksichtigung der chemischen Zusammensetzung und der Brenntemperatur.

---

[1] aus F.M. Lea und C.H. Desch: The Chemistry of Cement and Concrete. Edward Arnold, London, 1956, S. 158.

[2] E. Spohn, E. Woermann u. D. Knöfel: Eine verfeinerte Kalkstandardformel. ZkG, Nr. 2 (1969), S. 55/60.

Die erarbeiteten Kalkstandardformeln lauten:

MgO-Gehalt < 2 %:

$$KSt\ III = \frac{100\ (CaO + 0{,}75\ MgO)}{2{,}80\ SiO_2 + 1{,}18\ Al_2O_3 + 0{,}65\ Fe_2O_3}$$

MgO-Gehalt > 2 %:

$$KSt\ III = \frac{100\ (CaO + 1{,}50)}{2{,}80\ SiO_2 + 1{,}18\ Al_2O_3 + 0{,}65\ Fe_2O_3}$$

HEILMANN [1] hat Untersuchungen mit dem Lime-Saturation-Faktor LSF

$$(LSF = \frac{100\ CaO - 0{,}7\ SO_3}{2{,}8\ SiO_2 + 1{,}2\ Al_2O_3 + 0{,}65\ Fe_2O_3}),$$

der im angegebenen Beispiel dem KSt II entsprechen dürfte, da SO_3 nicht analysiert worden war, durchgeführt. Die Werte für den LSF betrugen 89 und 94. Die Brenntemperatur lag zwischen 1350° und 1550° C, wobei jeweils 20 Minuten getempert wurde.

Nach den Ergebnissen entspricht ein um eine Einheit erhöhter LSF einem um ca. 0,5 % höherem Freikalkanteil und damit entsprechend ungünstigerer Brennbarkeit. Zur Erzielung gleicher Freikalkgehalte müßte die Temperatur pro Zunahme um eine LSF-Einheit um ca. 20° C angehoben werden.

---

[1] T. Heilmann: a.a.O. (1952)

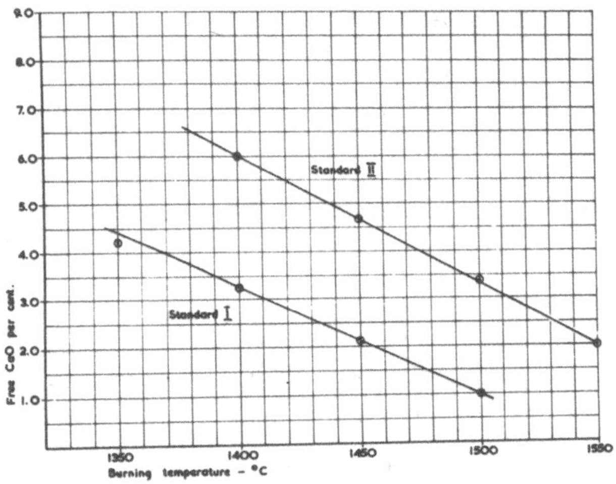

<u>Abb. 12:</u> Brennverhalten von Rohmehlen mit unterschiedlichem LSF nach HEILMANN

In der bereits zitierten Arbeit untersuchte Mußgnug auch den Einfluß des Kalksättigungsgrades im Bereich von 74 bis 110 auf die Sinterfähigkeit von Modellrohmehlen bei konstantem Kieselsäure- und Tonerdemodul entsprechend dem folgenden Bild.

Aus der Darstellung ergibt sich eine lineare Abhängigkeit zwischen Kalksättigungsgrad und freiem Kalk für jede Temperatur im Bereich der üblichen chemischen Zusammensetzung von Zementklinkern. Die Linien verlaufen parallel und können durch die Geradengleichung $CaO_{fr} = a.KS + b$ beschrieben werden.

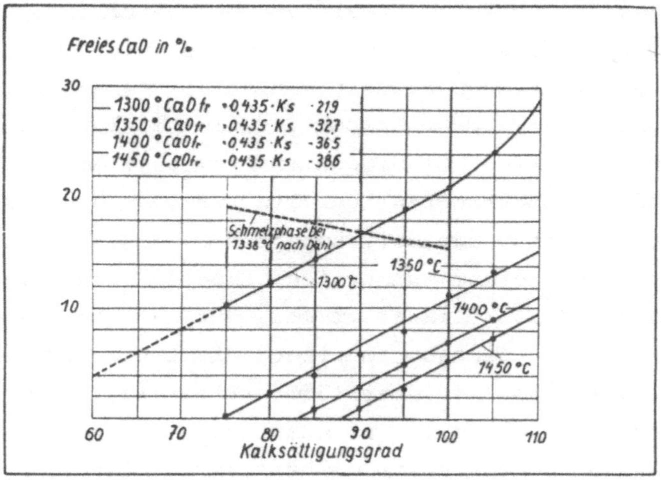

Abb. 13: Freier Kalk von Klinkern mit verschiedenem Kalksättigungsgrad, Kieselsäuremodul = 3,2, Tonerdemodul = 2,5 (Mußgnug)

Hierbei ist a konstant 0,435 und beschreibt die Zunahme des Freikalkes mit zunehmender Kalksättigung. Der Wert ist mit dem bei Heilmann gefundenen gut vergleichbar, insbesondere, wenn die von Heilmann angewendete kürzere Brenndauer berücksichtigt wird. Durch die Versuchsbedingungen ergibt sich jedoch bei Mußgnug eine Anhebung der Brenntemperatur um nur ca. 10° C pro Zunahme der Kalksättigung um eine Einheit. Der Abstand b auf der Ordinate ist temperaturabhängig. Aus der Differenz des Wertes b, die im Temperaturgebiet oberhalb 1300° C stark abnimmt, ist ersichtlich, daß hier der Temperatureinfluß geringer wird.

Abschließend sei auf eine Arbeit von MATOUSCHEK [1] aus dem Jahre 1970 hingewiesen, in welcher u.a. der Einfluß des Kalksättigungsgrades technischer Rohmehle auf die Leistung, den Wärmeverbrauch und die Klinkerqualität untersucht wurde. Die Ergebnisse waren je nach Größe des Ofensystems unterschiedlich. Die Leistung des Lepolofens mit 150 tato nahm bei Zunahme der Kalksättigung von 85 auf 95 bei einem zusätzlich erhöhten Wärmeverbrauch von etwa 5,4 % linear um ca. 10 % ab. Die Qualität des Klinkers, gemessen am Litergewicht und dem Anteil, der gewichtsmäßig unter 1350 g/Liter lag, verschlechterte sich minimal. Bei dem Lepolofen mit 330 tato nahm die Leistung degressiv im gleichen Kalksättigungsbereich um ca. 50 % ab, während gleichzeitig der Wärmeverbrauch progressiv um ca. 35 % zunahm.

Zusammenfassend ergibt sich aus den Laborversuchen und den Überprüfungen aus der Praxis, daß die Brennbarkeit von Rohmehlen mit zunehmendem Kalkstandard stark vermindert wird.

---

[1] F. Matouschek: Der Kalksättigungsgrad des Portlandzementklinkers in seiner Beziehung zur Rohmaterialanalyse, dem Brennen des Klinkers und den Mörtelfestigkeiten. ZkG, Nr. 2 (1970), S. 80/87.

2.2.5 Zusätze

Früher wurde bereits erwähnt, daß das Auftreten einer Schmelzphase die Reaktionen beim Brennprozeß fördert. Untersuchungen von DYCKERHOFF [1] und BOGUE [2] haben bestätigt, daß unter der Wirkung von Nebenbestandteilen in Zementrohmischungen die Bildung der Schmelzphase schon bei Temperaturen zwischen 1250° und 1350° C möglich ist.

	Temperatur °C
$CaO : SiO_2$	2065
$CaO : SiO_2 : Al_2O_3$	1455
$CaO : SiO_2 : Al_2O_3 : Fe_2O_3$	1340
$CaO : SiO_2 : Al_2O_3 : Fe_2O_3 : MgO$	1300
$CaO : SiO_2 : Al_2O_3 : Fe_2O_3 : MgO : Na_2O$	1280
$CaO : SiO_2 : Al_2O_3 : Fe_2O_3 : Na_2O$	1315

Abb. 14: Erstauftreten einer Schmelzphase im Portlandzementsystem (Bogue)

---

[1] W. Dyckerhoff: Über den Verlauf der Mineralbildung beim Erhitzen von Gemengen aus Kalk, Kieselsäure und Tonerde. Diss. Frankfurt 1925.

[2] R.H. Bogue: Reaktionen, die bei der Herstellung von Portlandzement im festen Zustand vor sich gehen. TIZ 76 (1952), S. 282.

MUSSGNUG [1] untersuchte den Einfluß von Magnesia- und Kaliumsulfatzusätzen auf das Reaktionsverhalten beim Kinkerbrand. Der Autor verwendete künstliches Rohmehl mit unterschiedlicher chemischer Zusammensetzung. Der Kieselsäuremodul schwankte zwischen 2,0 und 5,0, der Tonerdemodul zwischen 0,5 und 5,0, während der Kalkstandard mit 95 konstant gehalten wurde. Die Brenntemperaturen betrugen 1300° und 1400° C. Die Untersuchungen bei 1300° C haben ergeben, daß in diesem Temperaturbereich mit dem Auftreten einer Schmelzphase durch Magnesiazusatz zu rechnen ist, da unabhängig von der chemischen Zusammensetzung die Gehalte an freiem CaO bis zu einem Zusatz von 2 % MgO um ca. 10 % abnehmen. Bei einer Brenntemperatur von 1400° C wird der Freikalkgehalt durch steigenden MgO-Zusatz nicht beeinflußt. Dies läßt darauf schließen, daß die endgültige Mineralbildung vom Magnesiazusatz weitgehend unabhängig ist.

Ähnlich wie bei MgO-Zusätzen wird auch durch Kaliumsulfat die Abnahme des Freikalkes bei 1300° C stark begünstigt. Betrachtet man jedoch den Umsatz des CaO bei 1400° C anhand der folgenden Tabelle, so ist ersichtlich, daß die Rohmehle uneinheitlich auf den Kaliumsulfatzusatz ansprechen. Dabei sind die angegebenen Moduli nicht ausreichend, um das günstige oder ungünstige Verhalten nachträglich erklären zu können. Aus der Praxis ist dagegen bekannt, daß zunehmender Alkaligehalt zu stärkerer Belit- und damit Freikalkbildung führt.

---

[1] G. Mußgnug: a.a.O.

$\frac{SiO_2}{Al_2O_3}$	$\frac{Al_2O_3}{Fe_2O_3}$	Freikalk bei 1400° C (0,5 % K_2SO_4-Zusatz)
2,0	2,5	0 %
5,0	2,5	6 %
3,2	0,5	0 %
3,2	5,0	5 %

Tabelle: Einfluß des K_2SO_4-Zusatzes auf den Sintervorgang bei unterschiedlicher Rohmehlzusammensetzung (Mußgnug)

SCHUNK [1] untersuchte 1962 das Verhalten von zwei technischen Rohmehlen bei Zusätzen von Kiesabbrand und/oder Flußspat bis 1 %. Der Kiesabbrand bestand im wesentlichen aus 55 % Fe_2O_3 und 16 % SiO_2. Der Flußspat setzte sich aus 59 % CaF_2 und 31 % SiO_2 zusammen. Gemessen wurde der freie Kalk bezogen auf den Gesamtkalk im Temperaturbereich von 700° bis 1400° C. Mit zunehmendem Zusatz von Kiesabbrand nahm der freie Kalk zunehmend ab. Es hat sich ergeben, daß bei dem Rohmehl Rüdersdorf (Kalkstandard = 98,04, Silikatmodul = 2,04, Tonerdemodul = 1,91) bei einer Brenntemperatur von 1400° C und einer Zugabe von 1 % Kiesabbrand der freie Kalk bezogen auf den Gesamtkalk ungefähr 5 % niedriger lag als der des normalen Rohmehles. Im Falle des Rohmehles Nienburg (Kalkstandard = 96, Silikatmodul = 2,56, Tonerdemodul = 2,60) betrug der Wert ca. 10 %. In beiden Fällen konnte gezeigt werden, daß ein

---

[1] S. Schunk: Zur Beurteilung der Sinterfähigkeit von Zementrohstoffen. Silikattechnik 13 (1962), Nr. 8, S. 284/287.

1 %-iger Zusatz von Flußspat das Brennverhalten weniger stark verbesserte.

Bei gleichzeitigem Zusatz von 0,5 % Kiesabbrand und 0,5 % Flußspat wird die Brennbarkeit beider Rohmehle noch etwas günstiger beeinflußt als durch Kiesabbrand allein. Die Begründung für die bessere Brennbarkeit ist nach SCHUNK [1] darin zu sehen, daß im Falle der gemeinsamen Zugabe das Material besser vorbereitet in die Zone der Schmelzbildung gelangt und die Anlagerung des CaO an das Dicalciumsilikat zur Bildung des Trikalziumsilikates beschleunigt wird.

Der Einfluß von Rohmehlzusätzen auf das Brennverhalten wird allgemein dahingehend beschrieben, daß die Schmelztemperatur erniedrigt wird und damit die C_3S-Bildung schon bei geringeren Temperaturen einsetzen kann. Die erwähnten Untersuchungen haben ergeben, daß Zusätze von MgO, K_2SO_4, Na_2SO_4 sowie Flußspat und Kiesabbrand abhängig von der zugesetzten Menge eine Erniedrigung des Gehaltes an freiem Kalk bringen. Ein günstigeres Brennverhalten konnte erzielt werden, wenn Zusätze wie z.B. K_2SO_4, Na_2SO_4, MgO oder Kiesabbrand und Flußspat erfolgten.

______

[1] S. Schunk: a.a.O

2.2.6 Zusammenfassung der Literaturergebnisse

Die Brennbarkeit von Zementrohmehlen ist in erster Linie eine Frage der Rückstände im Grobkorn der Kalk- und der Quarzkomponente:

Kalkstein:	max. 5 % Rückst.	bei >120 µm Korndurchmesser
Quarz:	max. 0,5 % Rückst.	bei >420 µm Korndurchmesser

Bei zunehmender Brenntemperatur nehmen die Korngrößeneinflüsse ab.

Zunehmender Kieselsäure- bzw. Silikatmodul verringert den Schmelzanteil im Klinker und damit die Brennbarkeit. Rohmehle mit hohem Silikatmodul (> 6) sind brennbar, wenn das Quarzkorn fein vermahlen ist.

Die Meinungen aus der Literatur über den Einfluß des Tonerdemoduls widersprechen sich. Theoretisch müßte durch einen Tonerdemodul von etwa 1,3 die Brennbarkeit günstig beeinflußt werden.

Zunehmender Kalkstandard verringert die Brennbarkeit von Zementrohmehlen.

Zusätze wie MgO, K_2SO_4, Na_2SO_4, Kiesabbrand und Flußspat erniedrigen die Schmelztemperatur, setzen den Freikalkgehalt herab und beschleunigen damit die Bildung kalkreicher Klinkerphasen.

3. UNTERSUCHUNGEN

3.1 Untersuchungsverfahren

3.1.1 Chemische Analysen

Die naßchemische Untersuchung des Rohmaterials erfolgte nach den Richtlinien des Vereines Deutscher Zementwerke. Zur Durchführung der Röntgenfluoreszenzanalysen wurden die Geräte Philips PW 1250, ARL 70 000 und 72 000 verwendet.

Der Alkaligehalt (Na_2O, K_2O) der Rohmehle sowie der erbrannten Klinker wurde nach dem "Analysengang für Zemente" des Vereines Deutscher Zementwerke (Jahrgang 1961) flammenphotometrisch bestimmt.

3.1.2 Analyse der nichtcalcitischen Bestandteile

Die Analyse der nichtcalcitischen Bestandteile erfolgte durch Auslaugung mit verdünnter Essigsäure (1 : 3) bei Raumtemperatur und Rückwaage der getrockneten Restsubstanz.

3.1.3 Freikalkbestimmung

Die Freikalkanalyse (nach Franke) erfolgte ebenfalls nach den Richtlinien des Vereines Deutscher Zementwerke. Der Einfluß der Mahlfeinheit des Klinkers auf das Prüfergebnis ist in Abschnitt 3.4.2 beschrieben.

3.1.4 Bestimmung des spezifischen Gewichtes

Die spezifischen Gewichte der Zementrohmehle wurden mit dem Pyknometer nach DIN 1065 mit Wasser bestimmt. Außerdem wurden Vergleichsmessungen mit dem Luftpyknometer der Firma Beckmann durchgeführt.

3.1.5 Bestimmung der spezifischen Cberfläche

Die spezifische Oberfläche der Rohmehle wurde nach dem von HAUL und DÜMBGEN [1] beschriebenen Ein-Punkt-Meßverfahren mit dem "Areameter" durch N_2-Adsorption ermittelt.

3.1.6 Mineralogische Untersuchung

An den mit Essigsäure kalkfrei gemachten Rohmehlen wurde der Quarz quantitativ und die Tonsubstanz sowie eisenhaltige Phasen qualitativ nach dem Röntgenzählrohrverfahren untersucht.

3.1.7 Thermochemische Untersuchung

Zur Bestimmung von Reaktionstemperaturen aufgrund der dabei auftretenden Wärmetönungen kam ein Hochtemperaturdifferentialthermoanalyse-Gerät der Firma Netzsch zur

---

[1] R. Haul u. G. Dümbgen: Vereinfachte Methode zur Messung von Oberflächengrößen durch Gasadsorption. Chem. Ing. Techn. 32 (1960), S. 349; 35 (1963), S. 586.

Anwendung. Den Grundgedanken der Differenzmessung von BOERSMA [1] haben SCHWIETE und ZIEGLER [2] weiter entwickelt und beschrieben.

3.1.8 Herstellung der Brennproben

Um den mit einem geringen Querschnitt ausgeführten Ofen (s. Abschnitt 3.2.2) sinnvoll beschicken zu können, mußte bei der großen Anzahl unterschiedlichen Probenmaterials das Prüfkörpervolumen begrenzt sein. Außerdem sollten Proben gleicher Abmessung und Verdichtung hergestellt werden. Die Probenbereitung erfolgte daher mit der Kleinzylinderpresse nach KEIL und MATHIEU [3].

3.1.9 Bestimmung der Rohdichte

Die Rohdichte der ungebrannten und gebrannten Preßlinge wurde aus dem Verhältnis von Auswaage und Volumen errechnet. Die Höhe und der Durchmesser der Kleinzylinder wurden mit einer Schieblehre gemessen.

3.1.10 Bestimmung der Klinkerfestigkeiten

Die Ermittlung der Klinkerfestigkeiten erfolgte mit der Kleinzylinderdruckpresse nach Keil und Mathieu.

---

[1] S.L. Boersma: I.Amer.Ceram.Soc. 38 (1955), S. 281.

[2] H.E. Schwiete u. G. Ziegler: Grundlagen zur theoretischen Behandlung der DTA. Folgerungen für die Praxis. DKG 22 (1966), H. 11, S. 363.

[3] F. Keil u. H. Mathieu: Normenprüfung, Kleinprüfung, Schnellprüfung. Sonderdruck aus ZKG, 11 (1958), H. 3, S. 81/86.

3.1.11 Trocknung des Rohmaterials

Für die chemischen und physikalischen Untersuchungen wurde das Probenmaterial bei 100° C vorgetrocknet. Die Trocknungstemperatur zur Differentialthermoanalyse betrug einheitlich 200° C. Die granulometrischen Untersuchungen erfolgten an bei 80° C getrockneten Rohmehlen, weil die Siebe, auf welchen die Rückstände vor der Auswaage getrocknet wurden, für höhere Temperaturen nicht geeignet sind.

3.1.12 Statistische Auswertung

Die Auswertung der Meßreihen erfolgte teilweise statistisch, wobei folgende Formeln verwendet wurden:

1. Mittelwert: $\bar{x}$

$$\bar{x} = \frac{1}{n} \sum_{i=1}^{n} x_i$$

2. Standardabweichung: s (Absoluter Fehler der Einzelmessungen)

$$s = \sqrt{\frac{1}{n-1} \cdot \sum_{i=1}^{n} (x_i - \bar{x})^2}$$

3. Lineare Regression:

$$Y = ax + b$$

$$a = \frac{\Sigma x_i y_i - \bar{y}\, \Sigma x_i}{\Sigma x_i^2 - \bar{x}\, \Sigma x_i}$$

$$b = \bar{y} - a \cdot \bar{x}$$

4. Korrelationskoeffizient: r

$$r = \frac{\sum_{i=1}^{n} (x_i - \bar{x}) \cdot (y_i - \bar{y})}{\sqrt{\sum_{i=1}^{n} (x_i - \bar{x})^2 \sum_{i=1}^{n} (y_i - \bar{y})^2}}$$

3.2 Vorversuche

3.2.1 Granulometrische Untersuchungen

Zur Klärung der Frage, welches Verfahren oder welche Kombination mehrerer Verfahren geeignet ist, die Korngrößenverteilung von Zementrohmehlen zu ermitteln, wurden die geläufigsten Methoden, wie die Korngrößenanalyse mit dem Holderbank-Sichter, dem Zick-Zack-Sichter und dem Luftstrahlsieb der Firma Alpine, dem Naßsiebverfahren, der Schlämmanalyse nach Andreasen-Köhn, sowie mit der Ultraschall-Microsieb-Analyse auf ihre Anwendbarkeit mit den Ergebnissen verglichen, die mit dem Coulter-Counter bzw. dem Endter-Zähler nach Zeiss erzielt wurden.

3.2.1.1 Korngrößenanalysator - System Holderbank

Die Arbeitsweise dieses Gerätes sowie die Fehlereinflüsse auf das Meßverfahren sind in einer Arbeit von HANKE [1] beschrieben.

Das Ergebnis einer sechsmal wiederholten Sichtung eines auf < 32 µm abgesiebten Rohmehles zeigt die Abb. 15.

Die Schwankungen der prozentualen Verteilung der einzelnen Kornfraktionen sind gering.

---

[1] E. Hanke: Über die Anwendung des Korngrößenanalysators, System Holderbank. Unveröffentl. Arbeit des Institutes f. Gesteinshüttenkunde, RWTH Aachen.

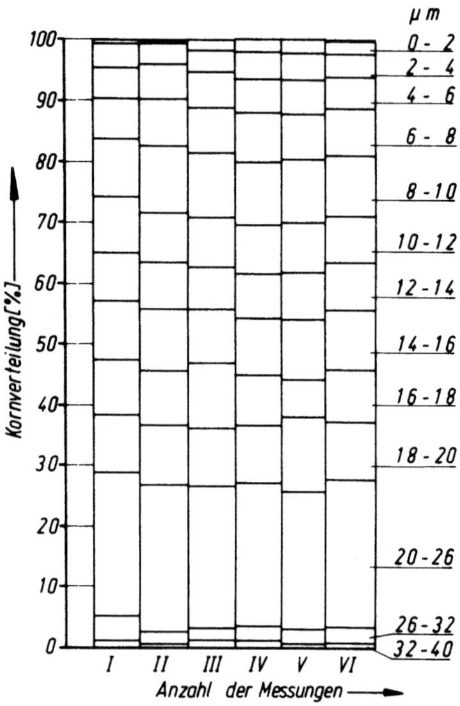

Abb. 15: Bestimmung der Kornverteilung eines Rohmehles (< 32 µm) mit dem Holderbankanalysator (Mehrfachanalyse)

Die Ergebnisse der Überprüfung der Trennschärfe des Sichtverfahrens mit dem Coulter-Counter im Feinbereich zwischen 0 und 12 µm mit einem Intervall von 2 µm zeigt die Abb. 16. Hier zeigt sich, daß die Trennschärfe insbesondere im Feinstbereich zu gering ist.

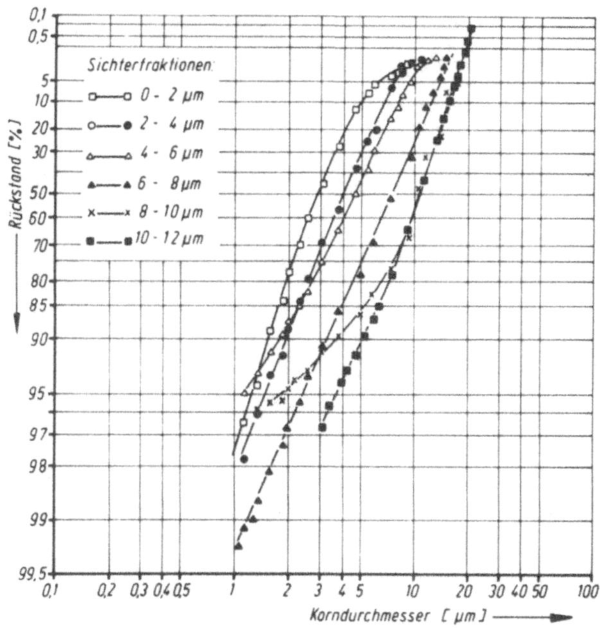

Abb. 16: Überprüfung der mit dem Holderbanksichter hergestellten Kornfraktionen mit dem Coulter-Counter

3.2.1.2 Zick-Zack-Sichter

Der verwendete Zick-Zack-Sichter ist eine Entwicklung der Firma Alpine. Die Funktionsweise wird von WESSEL [1] neben anderen Sichtersystemen beschrieben.

Zur Überprüfung der Reproduzierbarkeit der Ergebnisse wurde ein Rohmehl, dessen Rückstand >32 µm zuvor abge-

---

[1] J. Wessel: Schwerkraft- und Fliehkraftsichter. Aufbereitungstechnik Nr. 3 (1966), S. 154/160.

trennt worden war, vierfach gesichtet. Die Abb. 17 zeigt das Ergebnis der Untersuchung.

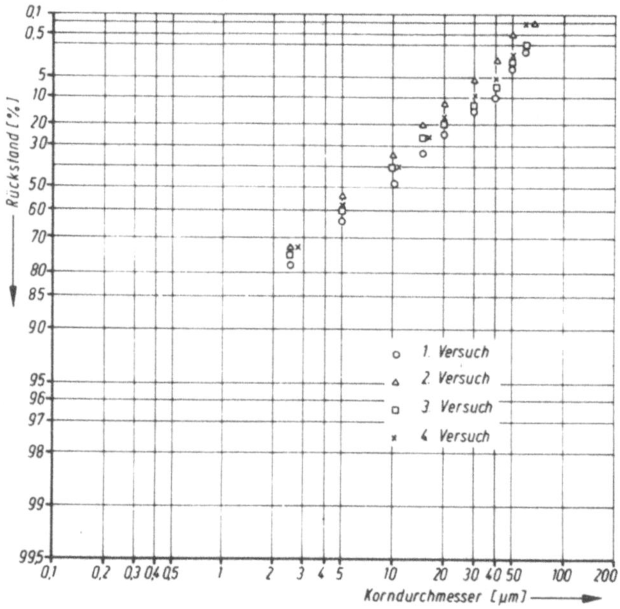

Abb. 17: Mehrfachmessung der Korngrößenverteilung eines Rohmehles mit dem Zick-Zack-Sichter

Dem Bild ist zu entnehmen, daß die Rückstände des untersuchten Mehles um 10 bis 15 % differieren. Die folgende Abb. 18 ist das Ergebnis einer sechsmal wiederholten Sichtung der Fraktion 0 - 5 µm und zeigt eindeutig,

---

N.N.: Aufbereitungs- und Verfahrenstechnik auf der ACHEMA 1967. Verfahrenstechnik Nr. 9 (1967), S. 484.

N.N.: Die Aufbereitungs- und Verfahrenstechnik auf den Industrieausstellungen Hannover, Paris (Expomat) und Mailand, 1968. Aufbereitungstechnik Nr. 7 (1968), S. 345.

daß, wenn keine Zerkleinerung erfolgt, die Trennschärfe durch Mehrfachsichtung verbessert werden kann.

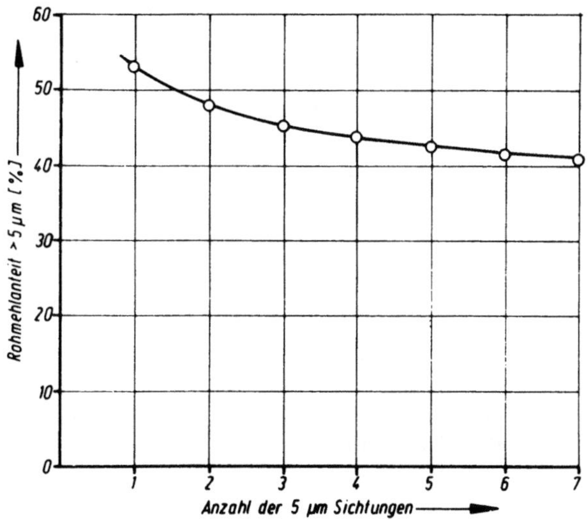

Abb. 18: Mehrfachsichtung der Fraktion 0 - 5 µm eines Rohmehles mit dem Zick-Zack-Sichter

Abschließend wurden Untersuchungen über die Trennschärfe einzelner gesichteter Fraktionen durchgeführt. Die Überprüfung erfolgte mit dem Endterzähler (Abb. 19 u. 20).

Es ist auffällig, daß im Korngrößenbereich von 0 - 10 µm die Häufigkeitsmaxima gut in den gewünschten Kornfraktionen liegen, sich aber ab 15 µm zu und über die oberen

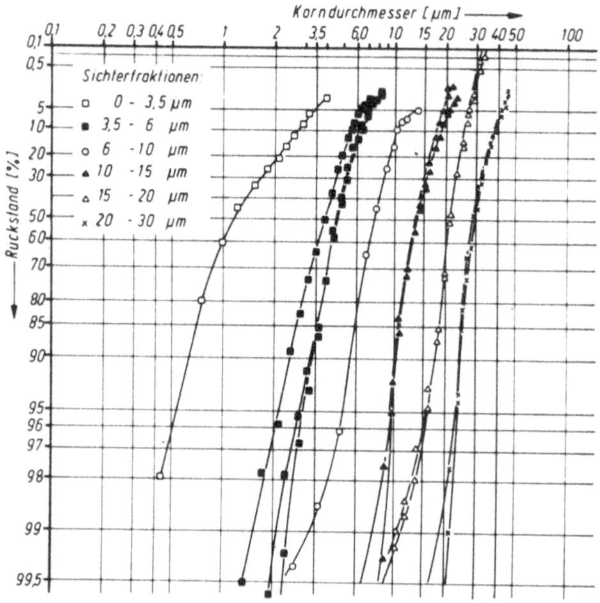

Abb. 19: Korngrößenverteilung der Fraktionen im RRS-Diagramm

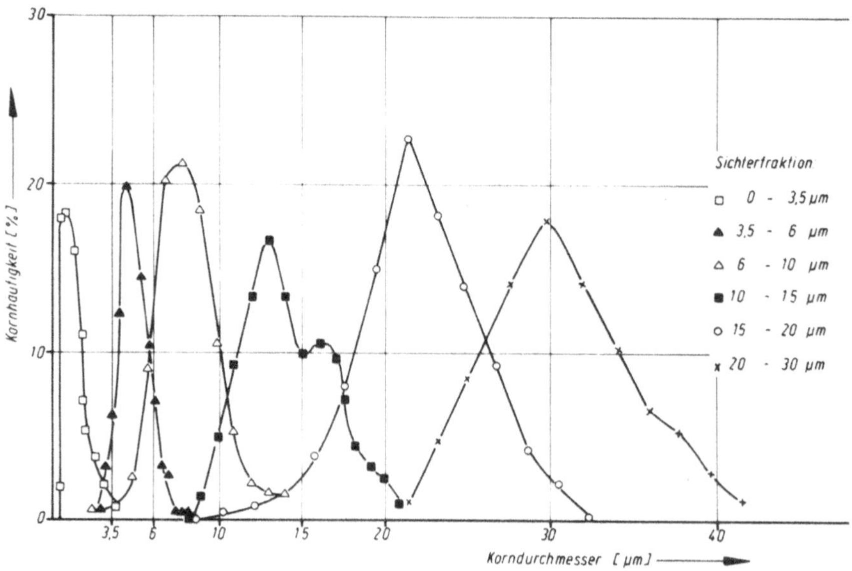

Abb. 20: Kornhäufigkeitsverteilung der Fraktionen

Abb. 19 u. 20: Auszählung der mit dem Zick-Zack-Sichter hergestellten Rohmehlfraktionen mit dem Endter-Zähler

Klassengrenzen der einzelnen Fraktionen verschieben. Außerdem werden die Streubereiche mit zunehmendem Korndurchmesser größer.

Aufgrund der beschriebenen Untersuchungsergebnisse wurde daher von weiteren Untersuchungen mit dem Zick-Zack-Sichter abgesehen.

3.2.1.3 Trockensieb-, Naßsieb- und Schlämmanalyse

Weitere Vorversuche zur Überprüfung der Korngrößenverteilung von Zementrohmehlen wurden mit folgenden Geräten durchgeführt:

Trockensiebung:	Luftstrahlsiebanlage
Naßsiebung:	Elektromagnetisches Rüttelsiebgerät
Schlämmanalyse:	nach Andreasen-Köhn (DIN 51033)

Die Maschenweiten der bei den Siebanalysen verwendeten Siebe lagen zwischen 20 und 200 µm. Die folgende Abbildung 21 zeigt die Ergebnisse einer Vergleichsmessung.

Aus der Darstellung ist ersichtlich, daß die Meßpunkte der Naßsiebung einer Geraden folgen, während die der Trockensiebung in stärkerem Maße streuen. Die Ergebnisse der Schlämmanalyse schließen sich den Sieblinien nur zum Teil an und weichen besonders im Bereich < 10 µm zu gröberer Körnung bzw. größeren Rückständen ab.

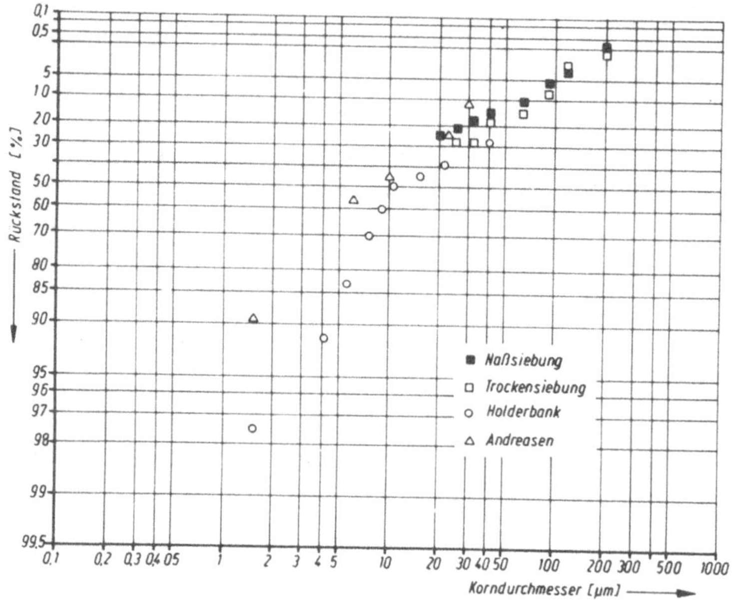

Abb. 21: Korngrößenverteilung eines Zementrohmehles nach verschiedenen Meßverfahren.

Aus weiteren Versuchen hat sich, wie die Tabelle 1 zeigt, ergeben, daß die Werte der Naßsiebanalyse im Wiederholungsfall nur geringe Streuung aufwiesen.

Maschen-weite [µm]	Anzahl der Messungen 1 [%]	2 [%]	3 [%]	4 [%]	5 [%]	6 [%]	$\bar{x}$	s
> 200	0,88	0,9	0,74	0,86	0,9	0,68	0,84	0,08
> 125	3,3	3,2	3,0	2,8	3,4	3,0	3,20	0,20
> 90	5,2	5,2	5,0	4,9	5,9	5,4	5,40	0,45
> 63	10,5	10,0	12,0	11,0	11,2	10,9	11,50	0,46
> 40	14,4	14,5	14,0	14,9	15,1	14,0	14,55	0,55
> 32	17,5	16,8	17,5	17,9	17,2	17,0	17,35	0,15
> 25	21,4	20,9	20,9	21,6	22,3	21,0	21,60	0,70
> 20	24,9	24,0	24,1	25,2	24,7	24,5	24,40	0,31

Tab.1: Wiederholstreumessung eines Rohmehles mit Hilfe der Naßsiebung

Eine Auszählung der einzelnen naß gesiebten Fraktionen mit dem Endter-Zähler ergab außerdem im Grobkornbereich über 40 µm maximal 5 % Überkorn, aber kein Unterkorn, da die Siebzeiten zur Trennung der Fraktionen bis zu 40 Minuten betrugen.

3.2.1.4 Naßsieb-, Ultraschallsieb- und Coulter-Counter-Analyse

Aus den bisher erzielten Ergebnissen geht hervor, daß die Naßsiebung zur Beurteilung des Grobkornbereiches > 25 µm am besten geeignet ist. Es war daher von Bedeutung, ein Verfahren zur Untersuchung des Feinbereiches < 25 µm zu finden, dessen Kornverteilungen sich an die des Naßsiebverfahrens befriedigend anschließen.

Im Feinbereich < 25 µm wurden daher Kornanalysen mit dem Coulter-Counter und dem Ultraschall-Microsiebgerät unter Verwendung von 5-, 10- und 15 µm-Sieben durchgeführt. Die Arbeitsweise des Coulter-Counter ist von BLUMBACH [1] beschrieben worden. Das Ultraschallsiebgerät besteht aus einem Ultraschallbad mit einer konstanten Frequenz von 80 - 90 kHz und einer verstellbaren Hebevorrichtung für die Siebeinsätze. Als Suspensionsflüssigkeit wurde Alkohol verwendet. Die Siebzeiten betrugen zwischen 20 Minuten (15 µm-Siebung) und 80 Minuten (5 µm-Siebung). Über die Anwendung von Microsieben hat LAUER [2] im Jahre 1960 berichtet.

In der folgenden Abbildung 22 ist die Korngrößenverteilung eines Rohmehles, gemessen mit Hilfe der drei genannten Methoden dargestellt.

---

[1] J. Blumbach: Untersuchungen zur Feinheitsbestimmung von Zementen mit dem Coulter-Counter und zur Beurteilung von Mahlvorgängen in Zementmühlen. Dissertation Aachen 1970.

[2] O. Lauer: Anwendung der neuartigen Präzisions-Microsiebe für Korngrößenbestimmungen. Staub 20 (1960), Nr. 3 S. 69/71.

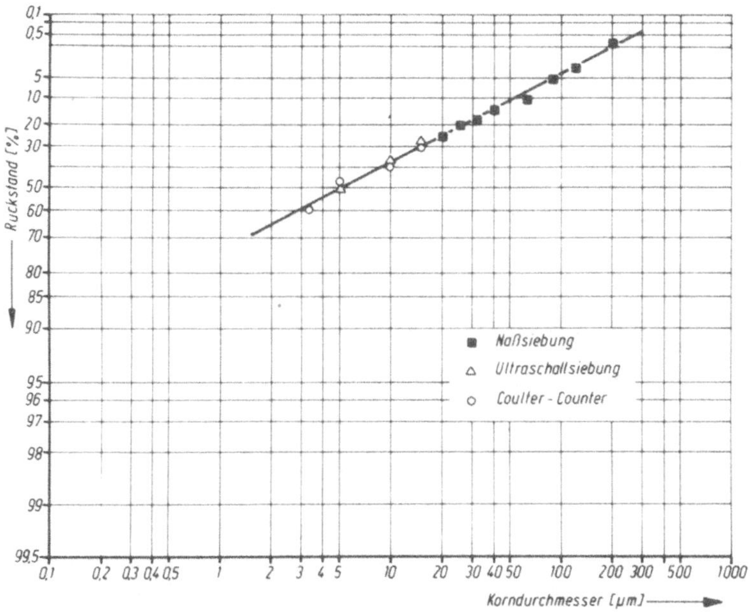

Abb. 22: Korngrößenverteilung eines Rohmehles nach verschiedenen Verfahren

Entgegen den Erfahrungen, nach denen unterschiedliche Meßverfahren differierende Ergebnisse bringen, d.h. daß in unserem Fall kein gleichmäßiger Übergang zwischen den Meßwerten der Grob- und der Feinanalyse zu erwarten war, hat sich jedoch gezeigt, daß die Kombination der beiden Untersuchungsverfahren zur Bestimmung der Korngrößenverteilung im Gesamtbereich geeignet ist. Sowohl Untersuchungen an verschiedenen Mehlen als auch Wiederholmessungen an einem Rohmehl haben dies bestätigt. In der folgenden Abb. 23 sind die Ergebnisse der Korngrößenuntersuchung eines Rohmehles, die sich aufgrund sämtlicher untersuchter Methoden ergeben haben, zusammengefaßt.

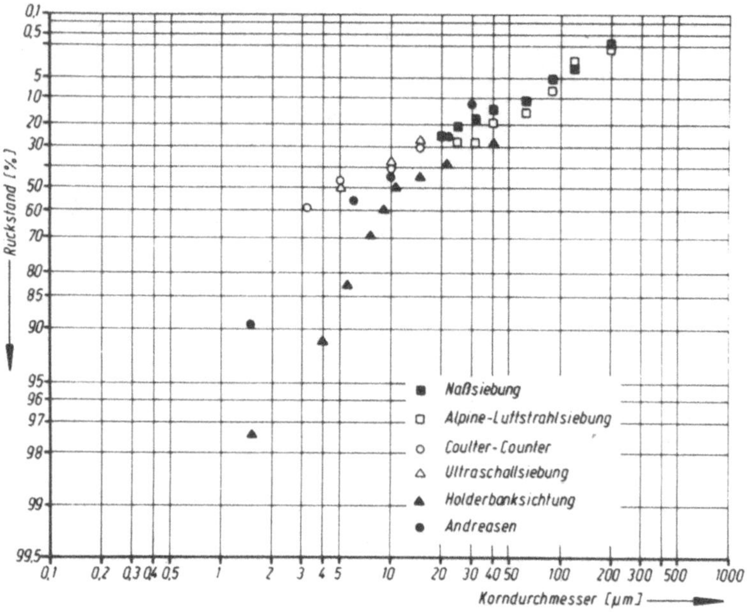

Abb. 23: Korngrößenverteilung eines Rohmehles nach verschiedenen Verfahren

3.2.1.5 Zusammenfassung

Die angeführten Untersuchungen gaben Anlaß, die der Arbeit zugrunde gelegten Korngrößenanalysen im Grobkornbereich zwischen 25 und 200 µm mit Hilfe der Naßsiebung und im Feinbereich < 25 µm mit dem Coulter-Counter durchzuführen.

3.2.2 Brennverfahren

Zur Erzielung möglichst allgemein gültiger Ergebnisse war es von besonderer Wichtigkeit, ein Brennverfahren im Labormaßstab zu finden, mit welchen es möglich ist,

1. vergleichbare Brennbedingungen einzuhalten und
2. Aufheizgeschwindigkeiten zu erzielen, die dem technischen Prozeß angenähert werden können.

Hier bot sich der Gradientenofen an, der eine stationäre Heizzone ähnlich einem Tunnelofen enthält, durch die das Probematerial mit beliebiger Geschwindigkeit geführt werden kann. Ofenkonstruktion und Betriebsanleitung wurden von BRÖDE [1] erläutert. Nachteilig ist, daß der Ofen nur zum homogenen Brennen von Granalien bzw. kompakten Prüfkörpern geeignet ist. Zum Brennen von mehlförmigem Gut soll später ein rotierender Laborofen entwickelt werden.

Auf den folgenden Bildern 24, 25 und 26 sind der Ofeneinlauf mit Vorschubregelung (Abb. 24), Beschickung (Abb. 25) und Ofenauslauf (Abb. 26) zu erkennen.

---

[1] E. Bröde: Über das Festigkeitsverhalten von feuerfesten Stampfmassen auf Quarzitbasis unter besonderer Berücksichtigung der Heißdruckfestigkeit. Dissertation Aachen 1971.

Abb. 24: Ofeneinlauf mit Vorschubregelung

Abb. 25: Beschickung (Rohmehlpreßlinge)

Abb. 26: Ofenauslauf mit Auffangvorrichtung für die Unterlegplatten und seitlichem Anschluß der Heizstäbe

Das bis zur Plattenmitte reichende Korundrohr (Abb. 25) enthält ein Pt-Rh-Thermoelement, das mit den Proben den Ofen durchläuft. Der Temperaturverlauf wird mit einem Schreiber registriert.

Die maximale Brenntemperatur von 1450° C wurde nach ca. 100 Minuten erreicht. Die Brennbedingungen sind der Abb. 27 zu entnehmen.

Die Abkühlung der Klinker wurde bei Raumtemperatur ohne Kühlluft innerhalb von 10 Minuten durchgeführt.

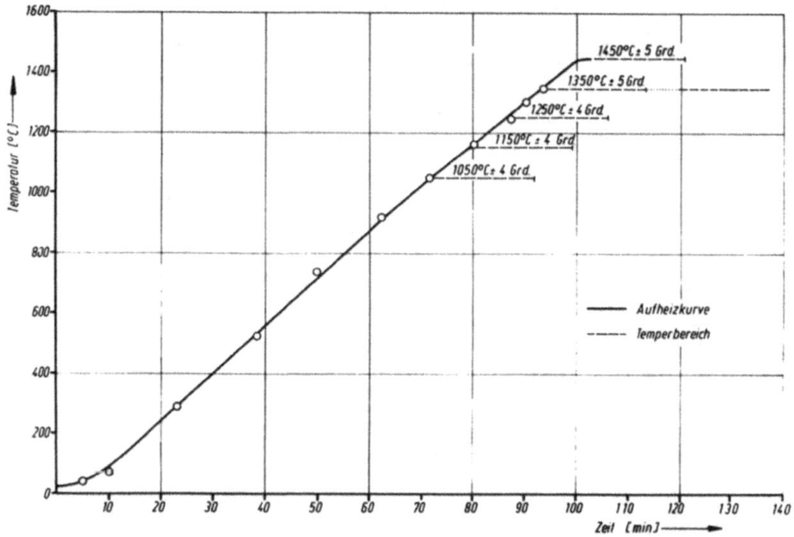

Abb. 27: Brennbedingungen bei der Herstellung der Klinkerproben

3.2.3 Einfluß der Verdichtung der Brennproben auf die Gesamtporosität und den Freikalkgehalt

Für die Brennbarkeitsuntersuchungen sollte von mit gleichem Preßdruck hergestellten Proben ausgegangen werden.

Die Tabelle 2 gibt den Einfluß unterschiedlicher Drücke auf die Gesamtporosität von drei in ihren Eigenschaften stark unterschiedlichen Rohmehlen wieder, wobei die Porosität nach

$$P_{ges} = \frac{\text{Dichte - Rohdichte}}{\text{Dichte}} \cdot 100 \text{ [\%]}$$

berechnet worden war.

Drehmoment [mkp]	Gesamtporosität [%] C	G_H	K
3	35,8	32,6	34,1
6	32,9	31,5	34,1
9	30,0	30,4	32,5

Tabelle 2: Einfluß des Preßdruckes auf die Porosität der Prüfkörper (Rohmehl C, G_H und K).

Demnach vermindert sich die Gesamtporosität beim Übergang von 3 auf 9 mkp maximal um 6 %. Bei gleichen Preßdrucken sind die Porositätsunterschiede dagegen deutlich geringer.

Der Einfluß unterschiedlicher Verdichtung auf den Gehalt an freiem Kalk im Klinker wurde an denselben Rohmehlen untersucht. Die Brenntemperaturen betrugen 1050° C und 1350° C. Die Ergebnisse sind der Tabelle 3 zu entnehmen.

Rohmehl-bezeichnung	Freikalkgehalt [%]					
	1050° C			1350° C		
	3 mkp	6 mkp	9 mkp	3 mkp	6 mkp	9 mkp
C	32,8	31,8	28,7	4,4	3,8	3,2
G_H	40,7	40,2	37,4	9,8	9,6	9,1
K	45,9	44,2	44,0	7,6	7,1	5,9

Tabelle 3 : Einfluß des Preßdruckes auf den Freikalkgehalt des Klinkers (Rohmehl C, G_H und K)

Es zeigt sich allgemein eine Abnahme des Freikalkgehaltes mit zunehmendem Preßdruck. Bei beiden Brenntemperaturen ist der Einfluß der Verdichtung von 6 auf 9 mkp größer als der von 3 auf 6 mkp.

Die beschriebenen Ergebnisse der Vorversuche über die Abhängigkeit der Gesamtporosität und des Freikalkgehaltes von der Verdichtung unter Berücksichtigung einer guten Haltbarkeit der Preßlinge haben dazu geführt, die Brennproben für die Hauptversuche mit einem Drehmoment von 6 mkp zu verpressen.

3.2.4 Einfluß der Mahlfeinheit auf die Untersuchung des Freikalkgehaltes

In den Richtlinien des VDZ zur Bestimmung des Freikalkgehaltes ist eine Feinmahlung des zu untersuchenden Klinkers auf < 60 µm festgelegt. Untersuchungen mit und ohne Mahlhilfsmittel an unterschiedlich fein gemahlenem Klinker haben gezeigt, daß die Mahlfeinheit auf das Ergebnis im Freikalkgehalt einen Einfluß ausübt (Tab. 4).

	K L I N K E R F E I N H E I T		
Proben-Nr.	3700 Blaine (ohne Cyclohexan) CaOfrei [%]	6000 Blaine (mit Cyclohexan) CaOfrei [%]	< 60 µm (ohne Cyclohexan) CaOfrei [%]
1	2,33	2,48	2,28
2	1,70	1,85	1,75
3	1,92	2,12	1,90
4	2,14	2,21	2,19
5	1,80	1,72	1,77
6	0,65	0,58	0,57
7	0,97	0,90	0,95
8	0,98	0,83	0,98
9	1,51	1,38	1,48
10	0,63	0,70	0,72

Tabelle 4: Einfluß unterschiedlicher Mahlfeinheit auf die Ergebnisse der Freikalkbestimmung

Die drei verschiedenen Kornfeinheiten der Klinker zeigen keinen einheitlichen Einfluß auf die Genauigkeit der Freikalkbestimmung. Für die weiteren Untersuchungen wurden die Klinker daher in einem Achatmörser trocken auf < 60 µm verrieben.

3 Untersuchung der Rohstoffe

3.1 Herkunft der verwendeten Rohmehle

Zur Erzielung möglichst allgemein gültiger Ergebnisse wurde von 10 Rohmehlen (bezeichnet mit A, B, C, D, E, F, G, H, K und L) verschiedener geologischer Herkunft sowie mineralogischer und chemischer Zusammensetzung ausgegangen. Das Mehl G wurde außerdem mit erhöhtem (G_H) und erniedrigtem (G_T) Kalkstandard untersucht, so daß sich die Gesamtzahl der Mehle auf 12 erhöht. Die Geologie der Lagerstätten der deutschen Zementindustrie wurde von RICHARTZ [1] beschrieben (Abb. 28).

---

[1] W. Richartz: Strontium und Barium in Zementen. ZKG, Nr. 3, 1964, S. 99.

Abb. 28: Geologische Formationen westdeutscher Zementrohstoffvorkommen (Richartz)

Demnach können die untersuchten Rohmehle folgenden geologischen Formationen zugeordnet werden (Tab. 5).

Geolog. Formation	Rohmehle
Jung-Tertiär	G, G_H, G_T, H
Obere Kreide	E, K, L
Jura	A, C
Oberer Muschelkalk	D
Unterer Muschelkalk	F
Devon	B

Tabelle 5: Geologische Herkunft der untersuchten Rohmehle

Granulometrische Untersuchung

Die Untersuchungsergebnisse sind aus der Anlage 1 ersichtlich. Sie wurden im Teilbereich des Rosin-Rammler-Sperling-Diagrammes eingetragen und sind der folgenden Abbildung 29 zu entnehmen.

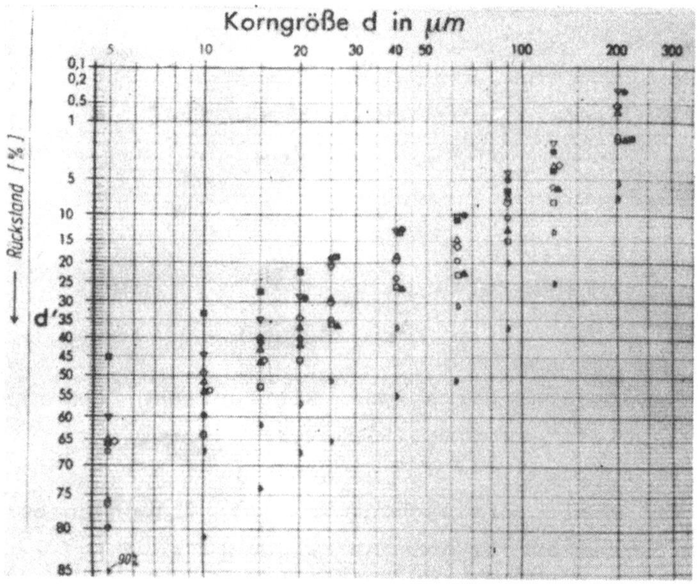

Abb. 29: Korngrößenverteilung der Zementrohmehle

Es ist zu erkennen, daß Rohmehle zur Untersuchung vorliegen, die sich stark in ihrem Körnungsaufbau unterscheiden. Die Körnungslinien variieren sowohl in der Steigung als auch in der Lage der prozentualen Rückstände zwischen 5 und 200 µm Korndurchmesser. So schwanken die Rückstände > 5 µm zwischen 45 % des Rohmehles K und 90 % des Rohmehles L und bei 200 µm zwischen 0,3 % des Rohmehles C und F und 8,5 % des Mehles L. Weiterhin sei auf die 90 µm-Grenze hingewiesen, der bei den Brennbarkeitsuntersuchungen besondere Bedeutung zukommt. Sie schwankt zwischen 4,5 und 37 % im Rückstand.

3.3.3 Chemische Analysen

Die Rohmehlanalysen wurden in verschiedenen Werklaboratorien und im hiesigen Institutslaboratorium durchgeführt. Sie sind in den Analysentabellen, Anlagen 2 bis 13, wie folgt bezeichnet:

1 Labor der Fa. Dyckerhoff:
Die angeführten Werte entsprechen einem Mittelwert einer achtfachen Analyse.

2 Labor der Fa. ENCI:
Naßchemische Analyse an verklinkertem Rohmehl.
(950° C: 1 h Haltezeit; 1450° C: 1 h Haltezeit)

3 Labor der Fa. ENCI:
Naßchemische Analyse der Rohmehle.

4 Labor der Rhein.-Westf. Kalkwerke Wülfrath:
Röntgenfluoreszenz-Analyse der verklinkerten Rohmehle.

5 Analysendaten der Rohmehllieferanten.

6 Naßchemische Analyse des Institutes:
(Alkalianalysen wurden flammenphotometrisch durchgeführt).

Zur einheitlichen Beurteilung der Versuchsergebnisse wurden die Mittelwerte der 6 Analysenreihen herangezogen. Extrem streuende Werte wurden eingeklammert und blieben bei der Mittelwertbildung unberücksichtigt. Die gemittelten Analysendaten und Moduli sind der Tabelle 6 zu entnehmen.

Die angeführten chemischen Kenngrößen wurden wie folgt berechnet:

$$KSt\ II = \frac{100 \cdot CaO}{2{,}8 SiO_2 + 1{,}18\ Al_2O_3 + 0{,}65\ Fe_2O_3}$$

Für MgO-Gehalt < 2 %:

$$KSt\ III = \frac{100\ (CaO + 0{,}75\ MgO)}{2{,}8\ SiO_2 + 1{,}18\ Al_2O_3 + 0{,}65\ Fe_2O_3}$$

Für MgO-Gehalt > 2 %:

$$KSt\ III = \frac{100\ (CaO + 1{,}50)}{2{,}8\ SiO_2 + 1{,}18\ Al_2O_3 + 0{,}65\ Fe_2O_3}$$

$$SM = \frac{SiO_2}{Al_2O_3 + Fe_2O_3}$$

$$TM = \frac{Al_2O_3}{Fe_2O_3}$$

Bei einem Gehalt von mehr als 0,20 % MnO wurde dieser in % Mn_2O_3 umgerechnet und dem Fe_2O_3-Gehalt zugezählt.

Rohmehle / Kompo-nenten	A	B	C	D	E	F	G	G_H	G_T	H	K	L
GV	35,74	35,56	36,10	35,23	35,12	35,86	36,44	37,04	36,40	36,12	34,72	35,33
SiO_2	21,82	20,74	21,98	20,54	23,91	21,52	21,86	21,00	22,37	22,53	22,20	23,25
Al_2O_3	5,65	5,58	5,54	6,17	3,92	5,63	5,09	4,93	5,00	4,99	5,75	4,57
Fe_2O_3	2,62	3,50	3,29	3,49	1,45	2,10	2,46	2,41	2,45	2,66	2,83	2,77
MnO	0,10	0,45	0,10	0,14	0,08	0,07	0,21	0,12	0,14	0,30	0,10	0,08
CaO	67,45	65,90	66,47	64,41	68,30	65,38	66,08	67,10	65,54	66,75	66,26	66,03
MgO	0,91	1,40	1,16	2,24	0,65	2,60	2,60	2,52	2,60	1,63	0,93	1,25
K_2O	0,99	1,59	1,34	1,79	0,76	1,76	1,22	1,27	1,12	0,99	0,88	0,88
Na_2O	0,21	0,17	0,13	0,29	0,27	0,25	0,23	0,35	0,21	0,14	0,25	0,20
SO_3	0,16	0,43	0,15	0,66	0,18	0,41	0,58	0,56	0,51	0,09	0,24	0,24
Summe	100,11	99,76	100,16	99,73	99,52	99,72	100,33	100,26	99,94	100,08	99,44	99,27
KST II	97,10	97,98	94,66	96,05	94,18	95,77	95,82	101,38	93,46	94,12	93,61	91,33
KST III	98,08	99,54	95,90	98,28	94,86	97,97	97,99	103,65	95,59	95,85	94,59	92,63
SM	2,64	2,16	2,49	2,13	4,45	2,78	2,81	2,86	3,00	2,82	2,59	3,17
TM	2,16	1,39	1,68	1,77	2,70	2,68	1,89	2,04	2,04	1,67	2,03	1,65

Tabelle 6: Mittelwerte der chemischen Analysen und Moduli

Man erkennt, daß der Kalkstandard III, der im Verlaufe dieser Arbeit als eine der Einflußgrößen gewertet wird, zwischen 92,6 und 103,7 variiert. Zusätzlich sprechen für den in chemischer Hinsicht stark unterschiedlichen Aufbau der Ofenmehle die Schwankungen des Silikatmoduls zwischen 2,10 und 4,50, sowie des Tonerdemoduls zwischen 1,40 und 2,70.

3.3.4 Berechnung der Klinkerphasen

Die Berechnung der Klinkerphasen nach BOGUE [1] aus den Rohmehlanalysen erfolgte unter der Voraussetzung, daß Garbrand vorliegt, d.h., daß der Freikalkgehalt maximal 2 % beträgt. Danach wurde den Berechnungen ein um 2 % verminderter Gesamtkalkgehalt (CaO) zugrunde gelegt. Die Ergebnisse sind der folgenden Tabelle 7 zu entnehmen.

Vergleicht man die Werte mit denen der Rohmehlanalysen (Tabelle 6), so weisen die Mehle A, B und G_H Kalkstandard II-Werte von 97,10; 97,98 und 101,38 auf und liegen im C_3S -Gehalt bei 58,86 %, 59,97 % und 68,80 %; das Rohmehl L hat mit 91,33 den niedrigsten Kalkstandard. Sein rechnerischer C_3S-Anteil beträgt deshalb nur 49,25 %.

---

[1] R.H. Bogue: The Chemistry of Portland Cement. Reinhold, New York 1947, S. 187.

Klinker-phasen	Potentieller Phasengehalt der Rohmehle [%]											
	A	B	C	D	E	F	G	G_H	G_T	H	K	L
C_3S	58,86	59,97	53,44	51,19	59,73	53,59	56,97	68,80	51,50	54,99	50,16	49,25
C_2S	18,19	14,25	22,74	20,30	23,52	21,30	19,72	8,33	25,30	23,14	25,84	29,53
C_3A	10,54	8,86	9,11	10,11	7,93	11,37	9,32	8,99	9,10	8,72	10,45	7,42
C_4AF	7,97	10,65	10,00	11,23	4,41	6,39	7,48	7,33	7,45	8,09	8,61	8,43

<u>Tabelle 7:</u> Theoretischer Klinkerphasengehalt nach BOGUE

3.3.5 Mineralogische Zusammensetzung der Rohmehle

Die mineralogische Zusammensetzung der nach Behandlung mit 30 %iger Essigsäure kalkfreien Ofenmehle ist den nachfolgenden Abbildungen 30, 31 und 32 zu entnehmen. Neben Quarz als Hauptbestandteil treten Kaolinit, Glimmer, Illit, Montmorillonit, Feldspat, Dolomit und Hämatit auf. Erwartungsgemäß unterscheiden sich die Rohmehle G, G_H und G_T in ihrer mineralogischen Zusammensetzung kaum.

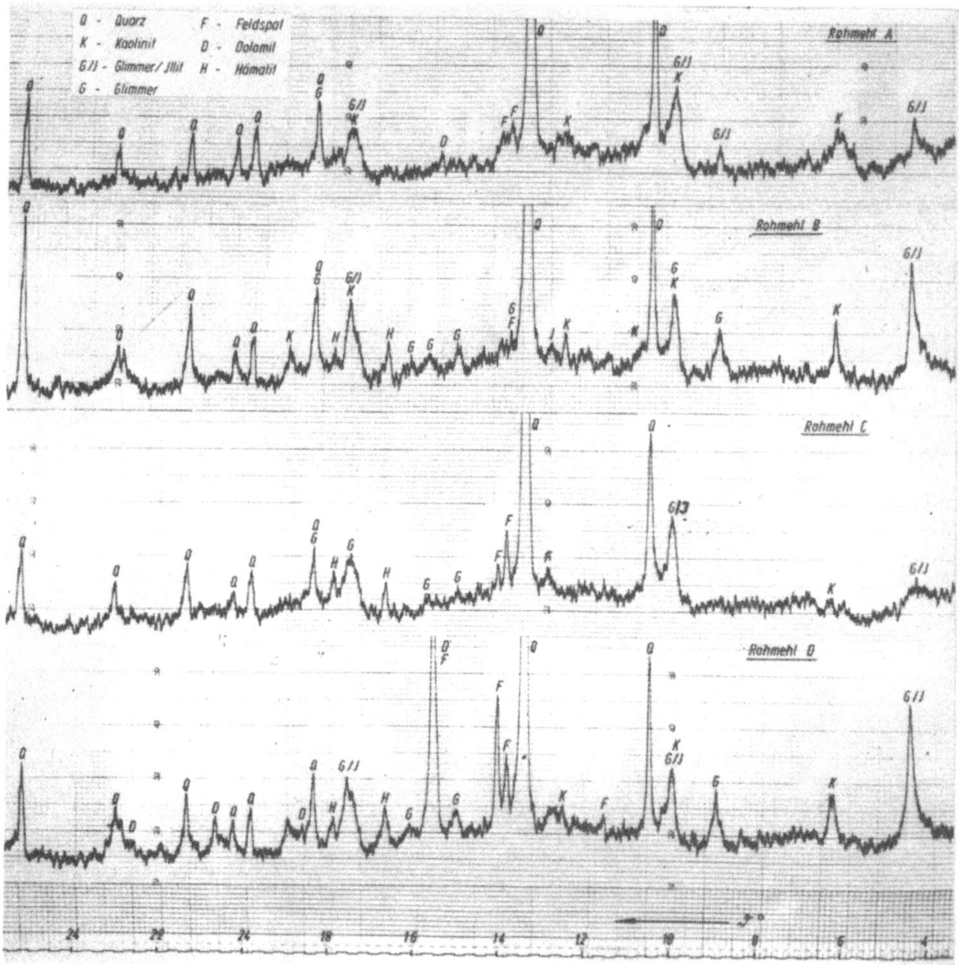

Abb. 30: Röntgenzählrohrdiagramme der kalkfreien Rohmehle A bis D

Eine nachträgliche Untersuchung der quellfähigen Bestandteile durch siebentägige Bedampfung mit Glycol bei 60° C ergab bei Rohmehl L ungewöhnlich starke Intensitäten bei 16,9 Å und 13,6 Å. Es handelt sich dabei um Montmorillonit bzw. um Hydroglimmer, die in Spuren auch bei den Rohmehlen G, G_H, G_T und E nachgewiesen werden konnten. Geringe Mengen an Montmorillonit enthalten die Mehle A und F.

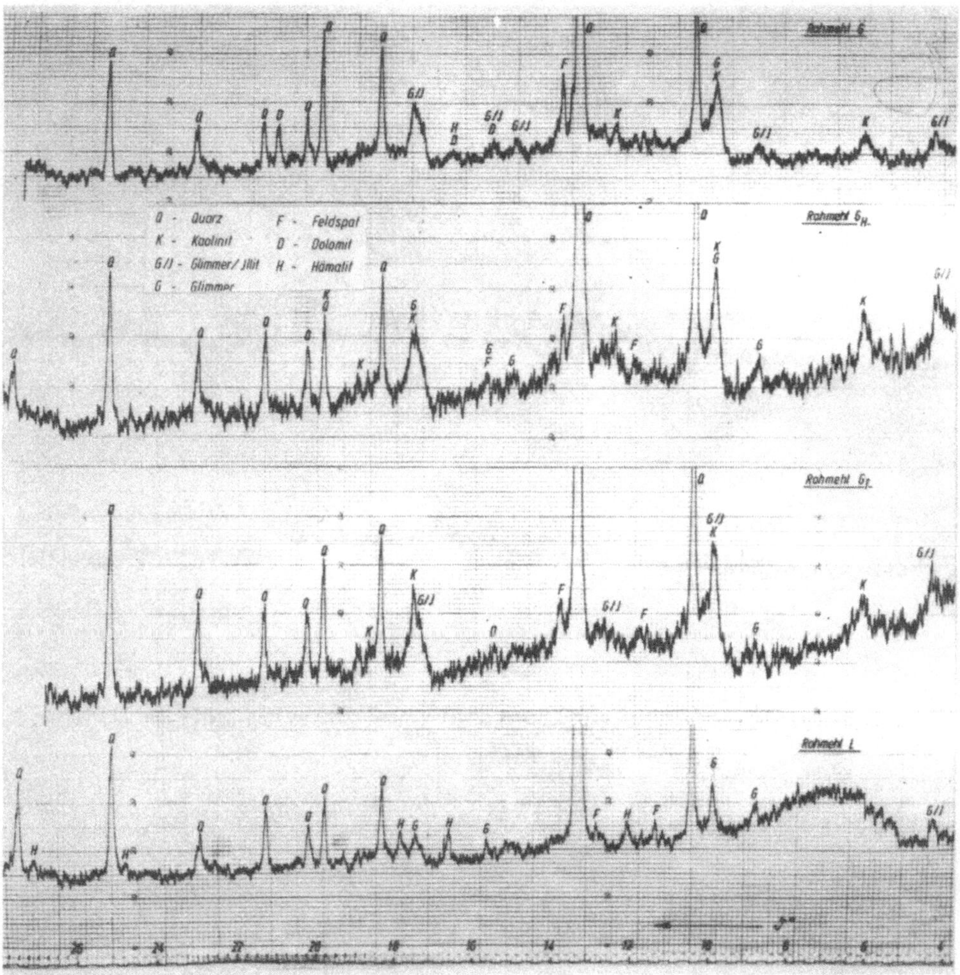

Abb. 31: Röntgenzählrohrdiagramme der kalkfreien Rohmehle G, G_H, G_T und L

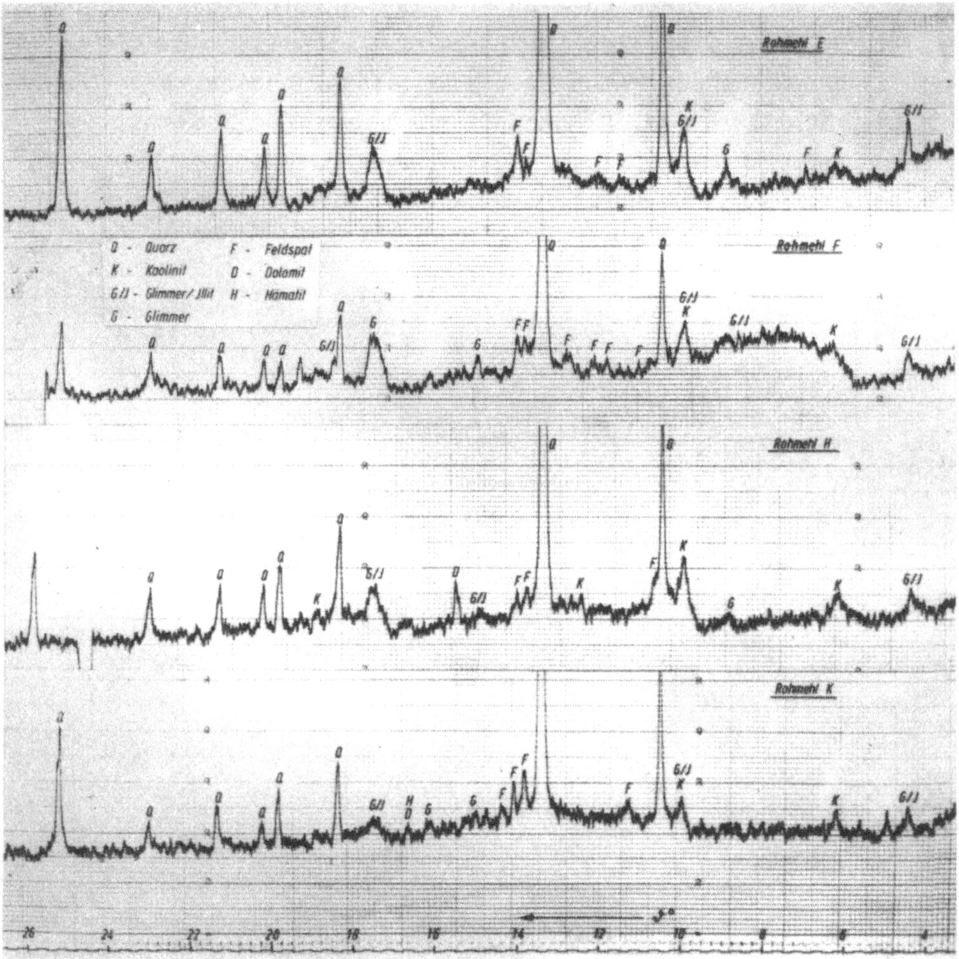

Abb. 32: Röntgenzählrohrdiagramme der Rohmehle E, F, H und K

Rohmehl-bezeichnung	naßchemisch [Essigsäure 1:3] $CaCO_3$ [%]	röntgenographisch Quarz [%]	röntgenographisch (qualitativ) Restbestandteile
A	78,0	8,0	Glimmer/Illit, Kaolinit, Montmorillonit, Feldspat, Dolomit
B	78,0	9,0	Glimmer/Illit, Kaolinit, Feldspat, Dolomit, Hämatit
C	78,4	7,0	Glimmer/Illit, (Kaolinit), Feldspat, Hämatit
D	75,0	7,0	Glimmer/Illit, Kaolinit, Feldspat, Dolomit, Hämatit
E	79,3	10,0	Glimmer/Illit, Hydroglimmer, Kaolinit, Montmorillonit, Feldspat
F	77,9	6,0	Glimmer/Illit, Kaolinit, Montmorillonit, Feldspat
G	78,6	8,0	Glimmer/Illit, (Hydroglimmer, Montmorillonit), Kaolinit, Hämatit, Dolomit, Feldspat
G_H	79,4	6,0	Glimmer/Illit, (Hydroglimmer, Mont-morillonit), Kaolinit, Feldspat
G_T	77,6	6,0	Glimmer/Illit, (Hydroglimmer, Montmorillonit), Kaolinit, Feldspat, Dolomit
H	77,5	9,0	Glimmer/Illit, Kaolinit, Feldspat, Dolomit
K	77,5	7,0	Glimmer/Illit, Kaolinit, Feldspat, Dolomit, Hämatit
L	79,3	13,0	Glimmer/Illit, Hydroglimmer, Montmorillonit, Kaolinit, Feldspat, Hämatit

Tabelle 8: Ergebnisse der chemischen und röntgenographischen Untersuchungen der Rohmehle

Die Quarzbestandteile der kalkfreien Restbestandteile der Rohmehle wurden röntgenographisch, quantitativ unter Berücksichtigung der Eisenoxydgehalte bestimmt und auf die Rohmehle im Anlieferungszustand bezogen, wiedergegeben (Tabelle 8). Die Auswertung ist dem Textanhang 1 zu entnehmen. Die übrigen Bestandteile der angereicherten Rohmehle wurden den Röntgendiagrammen entnommen.

Zur Beurteilung der Verteilung der Hydraulefaktoren im Rückstand > 90 µm wurden die Rückstände mit Essigsäure kalkfrei gemacht und daraufhin nochmals vom Kornanteil < 90 µm getrennt. Die so erhaltenen angereicherten Mehle mit einer minimalen Korngröße von 90 µm wurden mikroskopisch auf deren Quarzanteil ausgezählt. Die Ergebnisse sind aus der Tabelle 9 ersichtlich.

Rohmehle-bezeichnung	Quarz ./.	Fe_2O_3 ./.	Glimmer ./.	Feldspat ./.	Glasige Bestandteile %
A	96	3,0	0,3	0,6	-
B	90	9,8	0,3	-	-
C	92,2	6,8	-	0,8	-
D	97,6	2,4	-	-	-
E	96,5	3,5	-	-	-
F	81,5	15,5	0,8	2,1	-
G	97,8	0,8	0,5	0,8	-
G_H	97,0	2,3	0,9	-	-
G_T	97,0	1,9	0,7	-	-
H	96,0	3,6	-	-	-
K	42,2	0,8	-	-	56,8
L	96,0	4,0	-	-	-

Tabelle 9: Mikroskopische Auszählung der mineralogischen Bestandteile des kalkfreien Rückstandes > 90µm der Rohmehle

Die Ergebnisse zeigen, daß die Quarzbestandteile der nachgesiebten, kalkfreien 90 µm-Rückstände mit Ausnahme von Rohmehl F und K zwischen 90 und 98 % betragen. Der Rückstand des Rohmehles K enthält nur 42 % Quarz, jedoch 57 % glasige Bestandteile. Bemerkenswert war der beobachtete hohe Anteil opaler, brauner Körner bei den Rückständen der Mehle F mit 15,5 % und B mit 9,8 %. Sie zeigten unter gekreuzten Nikols keine Auslöschung. Die naßchemische Analyse der Körner ergab erwartungsgemäß zweiwertiges Eisen.

Die Abbildungen 33, 34 und 35 zeigen mikroskopische Aufnahmen der kalkfreien Siebrückstände > 90 µm der Rohmehle G, K und L.

Bei den Mehlen G und L ist der hohe Anteil an Quarz zu erkennen. Die auf den Aufnahmen des Mehles K ersichtlichen isotropen Körner mit scharfkantigen Bruchflächen weisen auf einen hohen Glasanteil des Zementrohmehles hin.

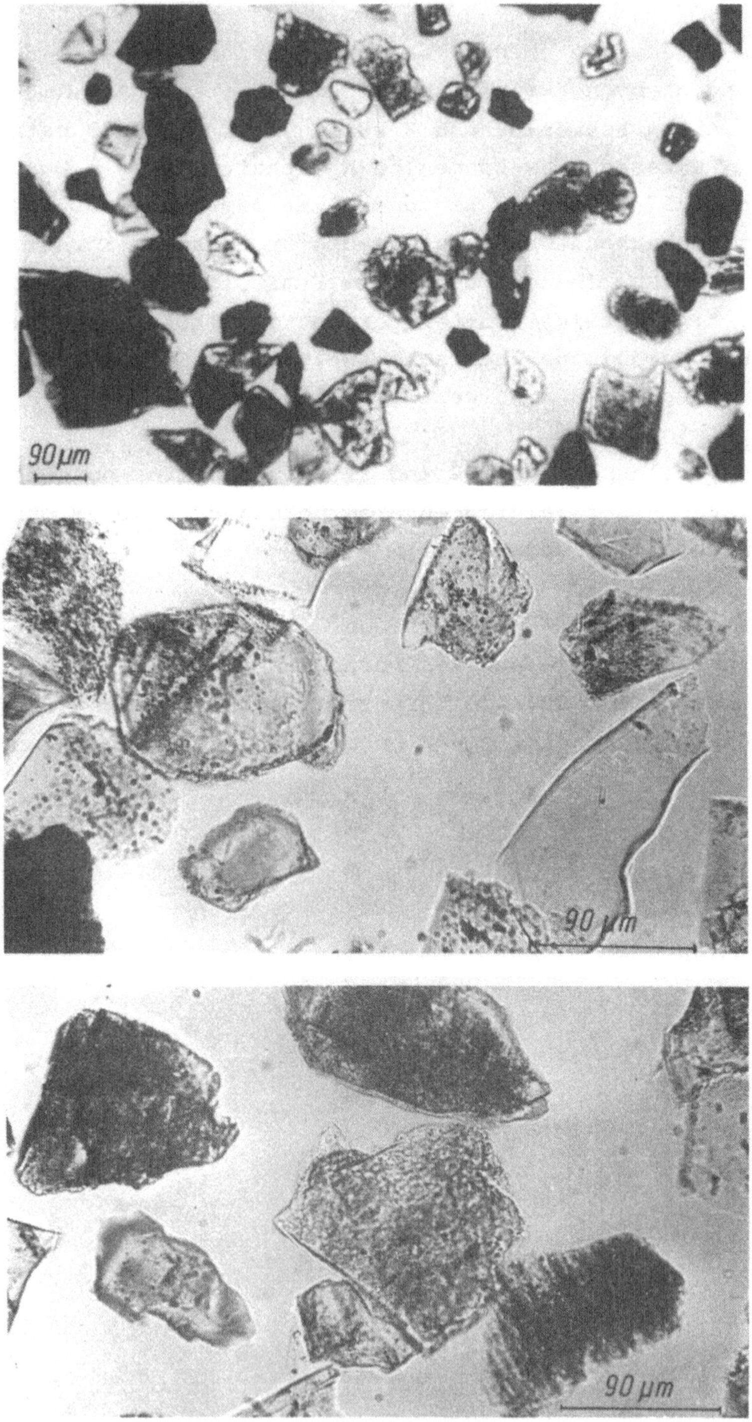

Abb. 33: Mikroskopische Aufnahmen des kalkfreien Rohmehles G (Fraktion > 90 µm)

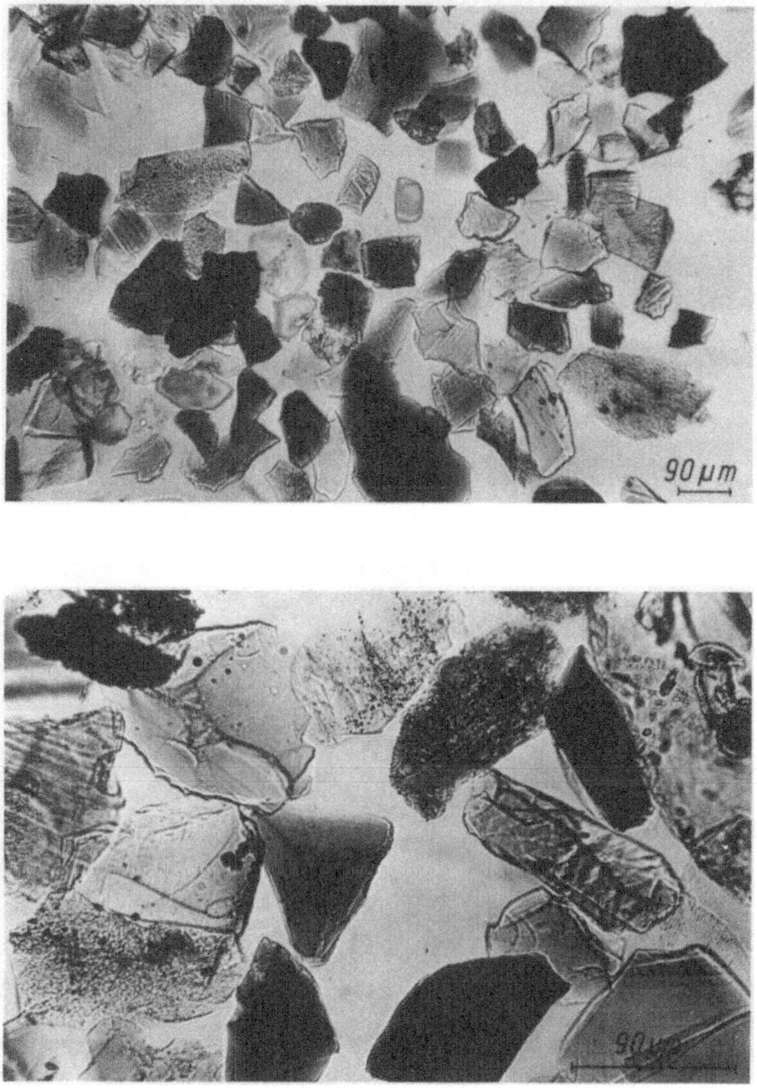

Abb. 34: Mikroskopische Aufnahme des kalkfreien Rohmehles K (Fraktion > 90 µm)

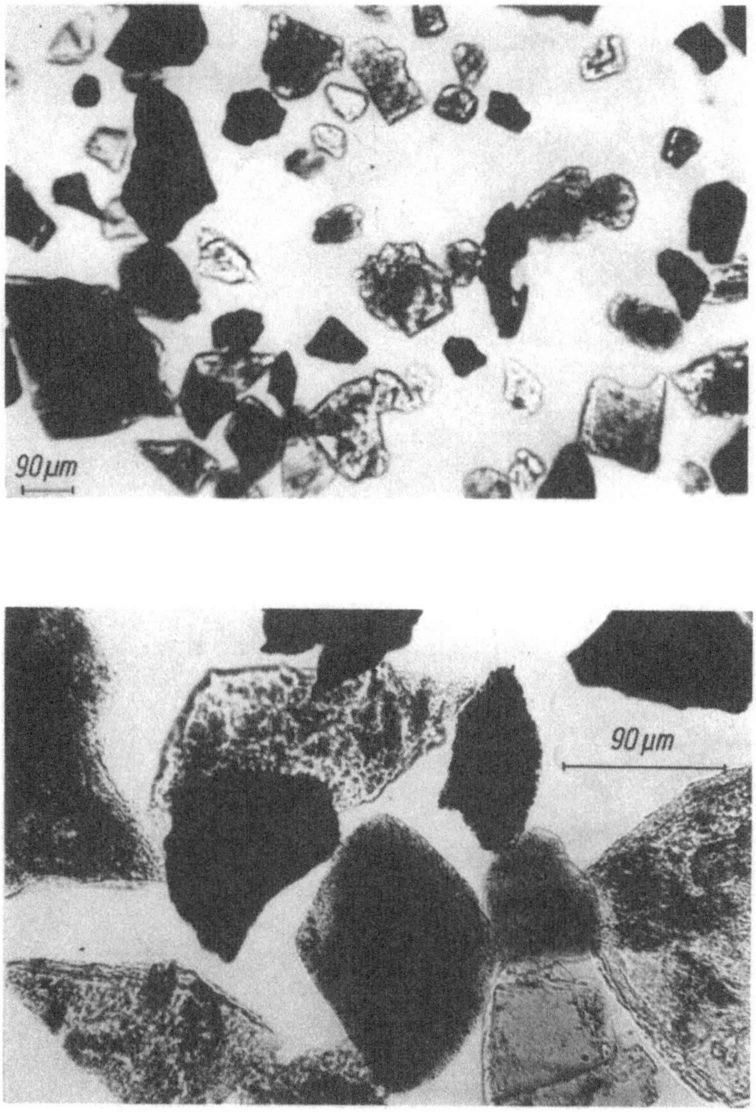

Abb. 35: Mikroskopische Aufnahme des kalkfreien Rohmehles L (Fraktion > 90 µm)

3.3.6 Calciumcarbonatgehalt der Rohmehle und Rohmehlfraktionen

Die Durchschnittskalkgehalte sowie die der Fraktionen > 200, > 90 und > 40 µm der Rohmehle sind der Tabelle 10 zu entnehmen. Es wird deutlich, daß die Kalkgehalte der groben Fraktionen zum Teil deutlich höher als die der Durchschnittsproben liegen (A und B), meistens jedoch im Bereich der Werte der Durchschnittsproben liegen (C, D, E, G, G_H, G_T, H und L) und in zwei Fällen geringer sind als die der Durchschnittsproben (F und K).

Rohmehl-bezeichnung	Durchschnittsmehl	Fraktion > 40 µm	Fraktion > 63 µm	Fraktion > 90 µm	Fraktion > 200 µm
A	78,0	84,3	84,6	84,8	88,6
B	78,0	85,3	83,5	83,1	83,3
C	78,4	79,3	77,3	76,1	88,3
D	75,0	74,2	75,3	76,8	82,2
E	79,3	82,3	81,6	82,3	82,2
F	77,9	65,7	65,7	66,2	81,0
G	78,6	81,7	81,0	78,8	81,7
G_H	79,4	83,1	81,6	81,5	79,6
G_T	77,6	81,4	79,3	80,1	78,1
H	77,5	78,3	78,0	78,2	84,7
K	77,5	35,6	35,3	40,6	56,2
L	79,3	83,1	67,9	83,9	75,3

Tabelle 10: Calciumcarbonatgehalt der Rohmehle sowie der Rohmehlfraktionen > 40, > 63, > 90 und > 200 µm

3.3.7 Spezifisches Gewicht und spezifische Oberfläche der Rohmehle

Die spezifischen Oberflächen (BET) sowie die nach zwei Methoden gemessenen spezifischen Gewichte sind der Tabelle 11 zu entnehmen. Erwartungsgemäß weisen die gröbsten Mehle (siehe Abb. 29) L, E und D mit 2,9 bis 5,5 m^2/g auch die geringsten Oberflächen auf. Mittlere Oberflächen betragen zwischen 7,2 und 11,7 m^2/g. Die höchste Oberfläche wurde am Rohmehl C mit 17,5 m^2/g gemessen. Außer der Mahlfeinheit mußte sich insbesondere die Art und Menge der Tonmineralien bemerkbar machen.

Die Dichten der Rohmehle variieren mit einer Ausnahme (D) unabhängig vom Verfahren zwischen 2,69 und 2,73 g/cm^3.

Rohmehl-bezeichnung	Spez. Oberfläche [m^2/g]	Reindichte [g/cm^3]	
		Pyknometer (Wasser)	Luftpyknometer
A	7,9	2,73	2,71
B	7,2	2,71	2,73
C	17,5	2,73	2,70
D	5,5	2,75	2,73
E	5,5	2,73	2,70
F	7,8	2,73	2,73
G	11,0	2,73	2,71
G_H	11,7	2,72	2,72
G_T	10,4	2,71	2,70
H	10,5	2,73	2,70
K	11,5	2,71	2,69
L	2,9	2,72	2,70

Tabelle 11: Spez. Oberfläche und Reindichte der untersuchten Rohmehle

3.4 Hauptversuche

Die im folgenden zu beschreibenden und auszuwertenden Daten sind das Ergebnis von drei Brennserien, die sich in der Brenntemperatur, der Haltezeit und der Feinheit der zu brennenden Rohmehle unterscheiden:

Brennserie I

Brenntemperaturen:	1050, 1150, 1250, 1350, 1450° C
Haltezeit:	20 Minuten
Rohmehle:	Anlieferungszustand

Brennserie II

Brenntemperatur:	1350° C
Haltezeiten:	0, 60, 120, 240 Minuten
Rohmehle:	Anlieferungszustand

Brennserie III

Brenntemperatur:	1350° C
Haltezeiten:	0, 20, 60 Minuten
Rohmehle:	< 90, < 63, < 40 µm max. Korngröße
Rohmaterialaufbereitungen:	Die Rückstände auf den Sieben 90 µm, 63 µm und 40 µm wurden aufgemahlen den Siebdurchgängen zugemischt.

3.4.1 Brennserie I

Die Rohmehle (Anlieferungszustand) wurden nach Erreichen der Temperaturen 1050°, 1150°, 1250°, 1350° und 1450° C jeweils 20 Minuten getempert.

3.4.1.1 Rohdichte

Die Meßwerte der ermittelten Rohdichten der ungebrannten und gebrannten Proben befinden sich in den Anlagen 14 bis 18. Zur graphischen Auswertung wurden die auf die Ausgangsrohdichten bezogenen Änderungen der aus drei Werten gebildeten Mittelwerte herangezogen (Tabelle 12) und in Abbildung 36 über den Brenntemperaturen aufgetragen.

Rohmehl-bezeichnung	Änderung der Rohdichten [%]				
	1050° C	1150° C	1250° C	1350° C	1450° C
A	- 33,0	- 28,0	- 16,4	- 6,2	+ 2,7
B	- 42,5	- 42,2	- 32,2	+ 7,5	+ 19,5
C	- 35,5	- 29,0	- 17,2	+ 14,7	+ 21,6
D	- 40,0	- 40,7	- 30,8	+ 12,0	+ 20,8
E	- 41,0	- 37,5	- 30,0	- 13,0	- 8,5
F	- 38,0	- 38,0	- 31,0	- 2,0	- 16,7
G	- 39,5	- 38,0	- 26,0	- 9,3	± 0
H	- 32,0	- 20,3	- 9,2	+ 1,0	+ 5,7
K	- 27,5	- 21,0	- 12,8	+ 10,0	+ 13,0
L	- 31,0	- 25,4	- 16,5	- 19,5	- 15,5

\- Abnahme der Rohdichte
\+ Zunahme der Rohdichte

Tabelle 12: Prozentuale Änderung der Rohdichten während des Brandes

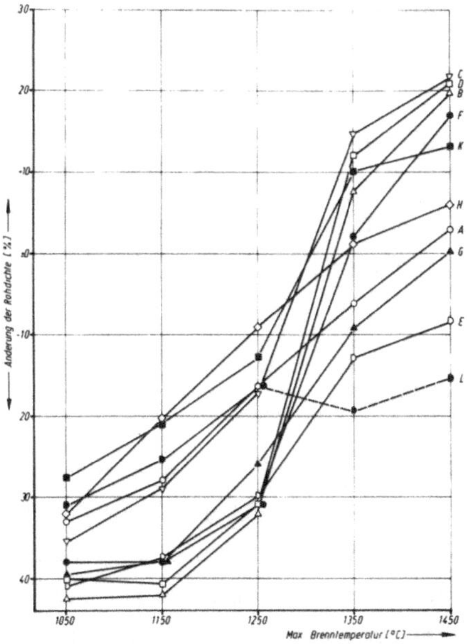

Abb. 36: Prozentuale Änderung der Rohdichten während des Brandes

Die Abbildung zeigt, daß die Ausgangsrohdichten, die im Bereich von 1,7 bis 1,9 g/cm^3 liegen, beim Aufheizen von 20° auf 1050° C als Folge der Entwässerung und Entsäuerung sehr stark abgenommen haben. Beim Übergang auf 1150° C und 1250° C ist eine langsame Zunahme und beim weiteren Übergang auf 1350° C eine stärkere Zunahme, gefolgt von einer abermals langsameren Zunahme der Rohdichten im allgemeinen zu beobachten. Etwas unterschiedlich verhalten sich die Mehle H und L, deren Rohdichtezunahme ab 1250° C geringer wird.

Generell sind aus den Rohdichteermittlungen bereits folgende Schlüsse über den Brennvorgang möglich:

1. die beginnende Sinterung ab $\geq$ 1050° C
2. Die verstärkte Sinterung ab $\geq$ 1250° C.

Diese Beobachtungen stehen in guter Übereinstimmung mit den späteren Beobachtungen bei der Kalkbindung und der damit verbundenen Bildung intermediär auftretender Phasen und der Klinkerphasen.

3.4.1.2 Klinkerdruckfestigkeit

Die Druckfestigkeiten der Brennproben wurden im Anschluß an die Ermittlung der Rohdichten bestimmt. Die Untersuchungen beschränkten sich auf die bei 1250° C, 1350° C und 1450° C gebrannten Proben. Die Einzelwerte sind der Anlage 19 zu entnehmen. Die mittleren Druckfestigkeiten sind in Tabelle 13 zusammengefaßt und in Abbildung 37 über den Brenntemperaturen aufgetragen.

Rohmehl	1250°C [kp/cm²]	1350°C [kp/cm²]	1450°C [kp/cm²]
A	178	318	318
B	68	555	603
C	283	591	897
D	95	553	768
E	108	286	238
F	57	439	346
G	93	252	165
H	240	503	453
K	112	293	306
L	52	126	109

Tabelle 13: Mittlere Druckfestigkeiten der bei 1250, 1350 und 1450° C gebrannten Rohmehle

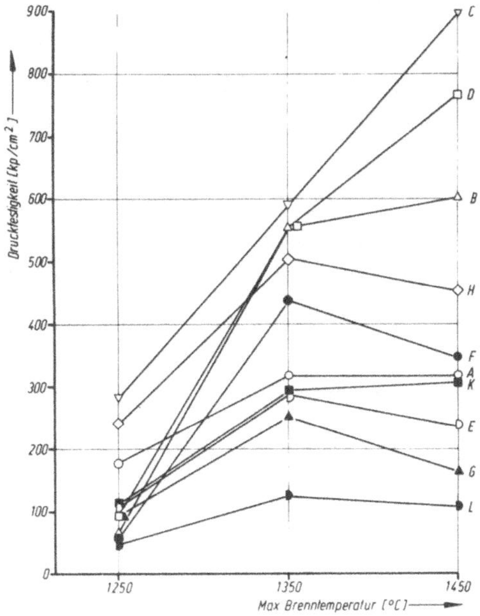

Abb. 37: Mittlere Druckfestigkeiten der Brennproben in Abhängigkeit von der Brenntemperatur

Die Druckfestigkeiten der bei 1250° C gebrannten Rohmehle liegen zwischen 50 und 180 kp/cm². Beim Übergang auf 1350° C ist eine deutliche Zunahme der Druckfestigkeiten aller Klinker mit Ausnahme der der Proben L und A zu erkennen. Die Festigkeiten schwanken nun noch stärker, und zwar zwischen 130 und 600 kp/cm². Bei Erhöhung der Temperatur auf 1450° C zeigen als einzige Klinker C und D einen weiterhin steilen Verlauf der Druckfestigkeiten. Die restlichen Klinker ändern ihre Festigkeiten entweder kaum oder nehmen ab. Dieses Verhalten beim Übergang von 1350° C auf 1450° C läßt darauf schließen, daß einerseits bei 1350° C die Sinterung weitgehend abgeschlossen ist, andererseits die schroffe Abkühlung höher gebrannter Klinker verstärkte Bildung von Spannungsrissen verursacht. Hinzu kommt der Einfluß zusätzlicher Phasenumwandlungen. Die Endfestigkeiten bei 1450° C schwanken zwischen 110 und 900 kp/cm².

Zur Beurteilung der Abhängigkeit der Druckfestigkeiten von den Rohdichten bei Brenntemperaturen von 1350 und 1450° C wurden für die folgende Abbildung 38 die entsprechenden Werte des obersten der drei übereinander stehenden Prüfkörper herangezogen.

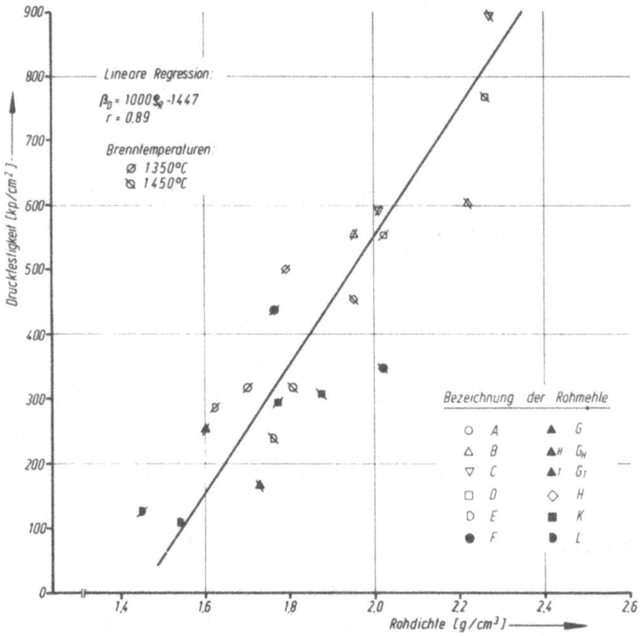

Abb. 38: Druckfestigkeit der Klinker in Abhängigkeit von der Rohdichte (Brenntemperaturen: 1350° und 1450° C)

Insgesamt können Festigkeiten zwischen 100 und 900 kp/cm^2 und Rohdichten zwischen 1,45 und 2,275 g/cm^3 beobachtet werden. Es fällt auf, daß die Druckfestigkeiten der bei 1350° C gebrannten Proben bei geringeren Rohdichten meistens höher liegen, als die der bei 1450° C gebrannten, dichteren Klinker. Die bei 1350° C gebrannten Klinker liegen mit zwei Ausnahmen (L und C) alle oberhalb der Regressionsgeraden. Es stellt sich daher die Frage, ob die beobachteten Festigkeiten in Relation zu den Mahlbarkeiten der Klinker stehen können. Die lineare Regression mit einem Korrelationskoeffizienten von s = 0,889 deutet darauf hin, daß bei einer Rohdichte von 1,45 g/cm^3 die Festigkeiten gleich Null sein müßten. Aus den Anlagen 16 und 19 geht hervor, daß bei 1250° C gebrannte Ofenmehle mit Rohdichten $<$ 1,45 g/cm^3 noch Festigkeiten zwischen 50 und 100 kp/cm^2 aufweisen. Es dürfte sich hier jedoch nicht mehr um echte Klinkerfestigkeiten handeln, da im Temperaturbereich $\leq 1250^\circ$ C noch keine Schmelzphase und kaum C_3S auftritt.

3.4.1.3 Kalkbindung

In Annäherung an die Verhältnisse in der Praxis wurden in den folgenden Untersuchungen diejenigen Klinker, deren Freikalkgehalt $\leq$ 2 % beträgt, als Garbrand bezeichnet.

Den Freikalkuntersuchungen der Brennserie I liegen 3 bis 6 Einzelmessungen zugrunde (Anlage 20). In Tabelle 14 sind die Mittelwerte zusammen mit den Standardabweichungen, die maximal 0,77 betragen, meistens jedoch bei 0,1 liegen, zusammengefaßt und in Abbildung 39 über der Brenntemperatur und -dauer aufgetragen.

Brenn-temperatur [°C]		FREIKALKGEHALT DER KLINKER [%]									
		A	B	C	D	E	F	G	H	K	L
1050	$\bar{x}$ =	44,7	34,3	28,1	33,0	27,5	38,0	35,6	43,4	45,7	53,1
	s =	0,50	0,10	0,81	0,2	0,3	0,32	0,77	0,17	0,28	0,44
1150	$\bar{x}$ =	39,15	27,0	22,7	24,9	21,8	29,4	29,0	35,6	37,6	47,8
	s =	0,17	0,14	0,33	0,1	0,14	0,36	0,14	0,1	0,1	0,53
1250	$\bar{x}$ =	25,0	18,0	14,7	17,53	17,0	19,7	19,0	27,2	24,3	38,6
	s =	0,0	0,14	0,35	0,0	0,17	0,14	0,0	0,1	0,14	0,52
1350	$\bar{x}$ =	6,5	2,8	1,0	2,0	4,3	3,4	4,8	2,9	3,5	8,3
	s =	0,1	0,1	0,0	0,14	0,0	0,1	0,1	0,1	0,1	0,28
1450	$\bar{x}$ =	3,1	1,0	0,4	0,7	2,7	1,5	3,6	1,5	2,5	5,1
	s =	0,1	0,1	0,1	0,0	0,1	0,1	0,24	0,1	0,14	0,1

Tabelle 14: Freikalkgehalte der Klinker bei unterschiedlichen Brenntemperaturen

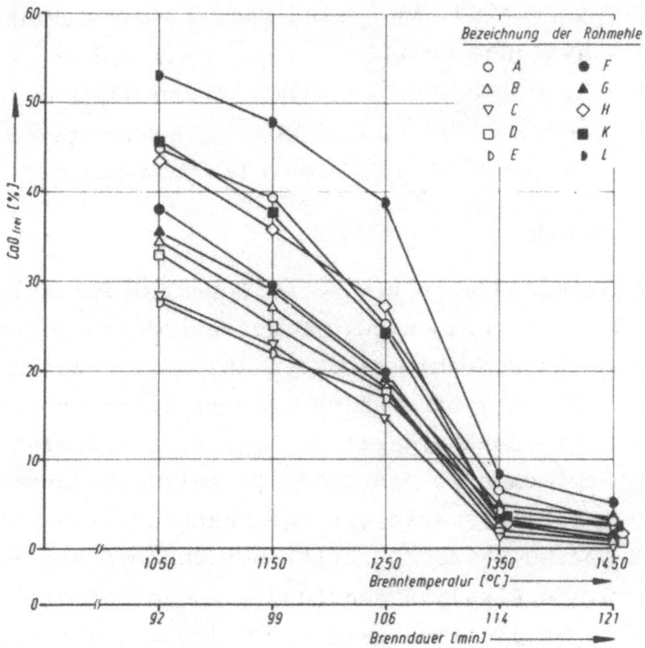

Abb. 39: Freikalkgehalt der Rohmehle in Abhängigkeit von Brenntemperatur und -dauer

Aus Abb. 39 ist ersichtlich, daß bei 1350° C der Verklinkerungsprozeß schon weitgehend abgeschlossen ist und die Kalkbindung bei weiterer Erhöhung der Temperatur auf 1450° C nur mehr geringfügig fortschreitet. Die unter 4.1.5 beschriebenen röntgenographischen Untersuchungen stehen in Einklang zu diesem Ergebnis. Die Bildung des C_3S oberhalb 1250° C und die Schmelzbildung, die im Bereich von 1250 - 1350° C auftritt, bilden die Ursache für den steilen Abfall der Freikalkkurven im Temperaturbereich zwischen 1250 und 1350° C. Der hohe Freikalkgehalt von Rohmehl L ist eine Folge des höheren Quarzgehaltes, der grob verteilt vorliegt und daher die Reaktionen zur Bildung der kalkreichen Klinkerphasen verzögert.

Die Unterschiede im Freikalkgehalt der einzelnen Rohmehle betragen bei 1050° C ca. 26 % und bei 1350° C ca. 6 %, wobei der freikalkreichste Klinker L noch 8,3 % CaO_{fr} enthält. Bei 1450° C schwankte der Gehalt an freiem Kalk noch zwischen 0,4 und 5,1 %.

3.4.1.4 Alkaligehalt

Die Einzelanalysen sowie der Gesamtalkaligehalt (bezogen auf die glühverlustfreie Substanz) der ungebrannten und gebrannten Rohmehle sind den Anl. 21 u. 22 zu entnehmen. Die graphische Darstellung der ermittelten Gesamtalkaligehalte in Abhängigkeit von der Brenntemperatur in Abb. 40 zeigt zwischen 20 und 1150° C, teilweise auch bis 1250° C, eine verhältnismäßig geringe Abnahme der Alkaligehalte. Erst oberhalb 1250° C tritt bei den meisten Mehlen eine verstärkte Alkaliverdampfung ein, so daß die Restalkaligehalte schließlich zwischen 0,1 und 0,5 % liegen. Die Alkaliabnahme ist jedoch eine Funktion der spezifischen Versuchsanordnung und ist daher nicht direkt auf technische Prozesse übertragbar.

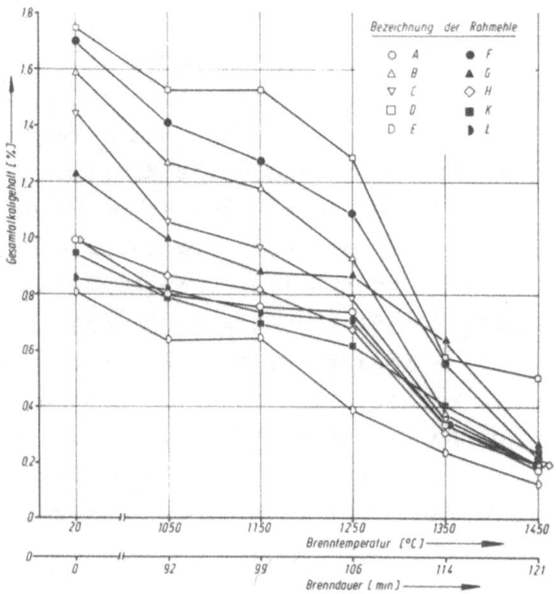

Abb. 40: Alkaligehalt der Brennproben in Abhängigkeit von Brenntemperatur und Brenndauer

3.4.1.5 Mineralgehalt und Klinkerphasen

Die quantitative Phasenanalyse sowie die daraus abgeleitete Berechnung des Quarzgehaltes der gebrannten Rohmehle C, F und L wurde, wie im Textanhang 1 beschrieben, durchgeführt. Die Auswahl der Rohmehle C, F und L erfolgte aufgrund der unterschiedlichen Freikalkgehalte nach den Bränden bei 1050° bis 1450° C. Die parallel zur Freikalkbestimmung ermittelten Quarzgehalte sind der Tabelle 15 den Ausgangswerten der glühverlustfreien Mehle gegenübergestellt, also direkt vergleichbar.

Rohmehl-bezeich-nung	Quarzgehalte [%]			
		während des Brandes		
	im Rohmehl[1)]	1050° C	1150° C	1250° C
C	11,0	1,4	-	-
F	9,4	1,9	-	-
L	20,1	13,1	9,4	3,7

1) glühverlustfrei

Tabelle 15: Quarzgehalt in Abhängigkeit von der Brenntemperatur

Die bei 1050° C gebrannten Ofenmehle C und F enthalten nur mehr 1,4 und 1,9 % Quarz. Bei 1250° C ist der Quarz bereits vollkommen umgesetzt. Das besonders grobe Rohmehl L, dessen Quarzgehalt in der Anlieferung bei 20,1 % und damit um 9 bis 11 % höher liegt als der der Mehle C und F enthält bei 1050° C noch 13,1 % Quarz. Erst bei 1350° C konnte kein Quarz mehr festgestellt werden.

Die an den bei verschiedenen Temperaturen gebrannten Rohmehlen C, F und L beobachteten Klinkerphasen sind den Abbildungen 41, 42 und 43 zu entnehmen.

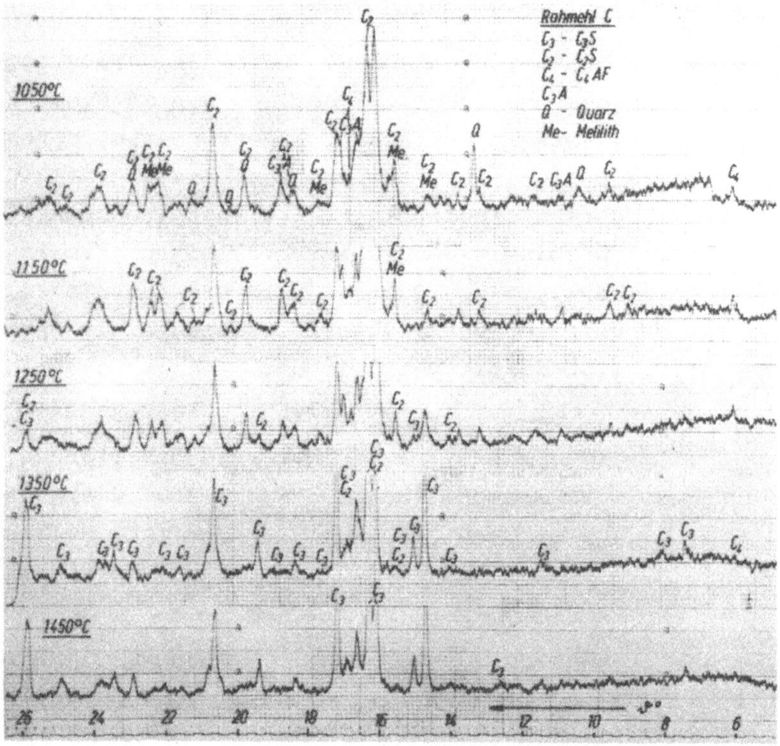

Abb. 41: Phasenzusammensetzung des bei verschiedenen Temperaturen gebrannten Rohmehles C

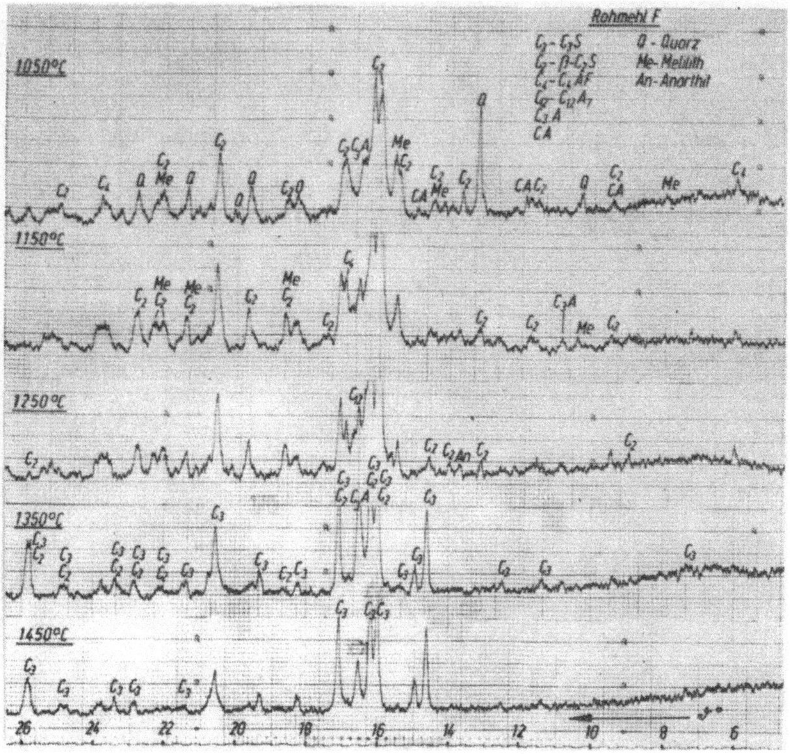

Abb. 42: Phasenzusammensetzung des bei verschiedenen Temperaturen gebrannten Rohmehles F

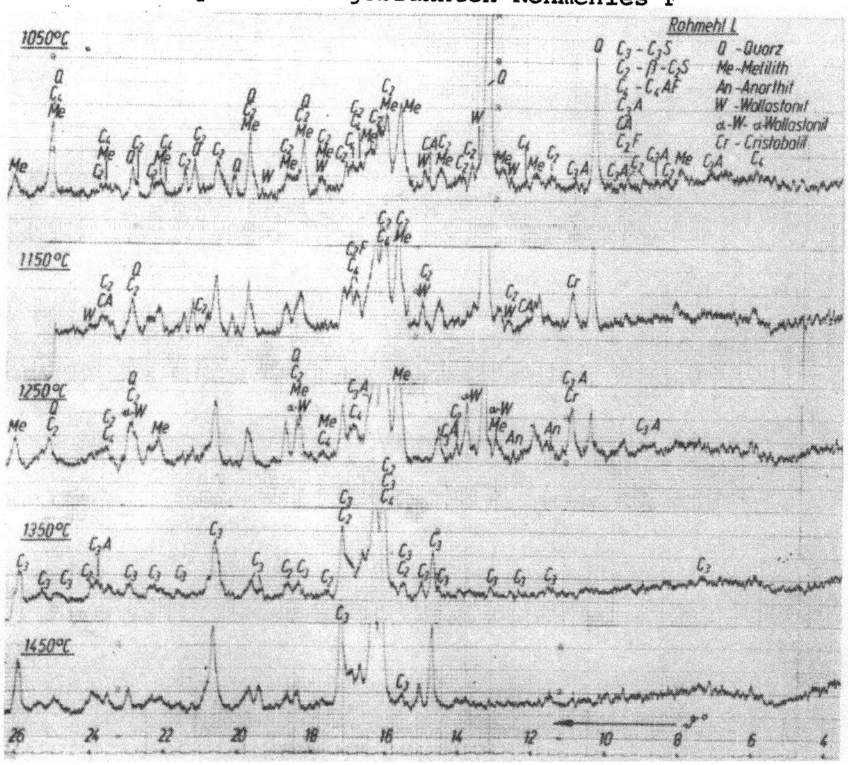

Abb. 43: Phasenzusammensetzung des bei verschiedenen Temperaturen gebrannten Rohmehles L

In der folgenden Tabelle 16 sind die Ergebnisse möglicher Klinkerphasenbildungen aus der Literatur denen eigener Untersuchungen (s. Abb. 41, 42, 43) gegenübergestellt.

Brenn-temperatur [°C]	MÖGLICHE KLINKERPHASENBILDUNG Literatur	Eigene Untersuchungen (Rohmehle: C,F und L)
600 - 700	$CA-C_{12}A_7$	
700 - 800	$CA-C_{12}A_7-C_2F-C_2S$	
800 - 900	$CA-C_{12}A_7-C_4AF-C_2F-C_2AS$ $CAS_2-C_2S-C_3S?-C_3A$	
900-1000	$CA-C_{12}A_7-C_4AF-C_2AS-$ C_3A-C_2S	
1000-1100	$CA-C_{12}A_7-C_4AF-C_2AS-$ C_2S-C_3A	$C_2S-C_3A-C_4AF$ Me-W-CA-Q
1100-1200	$C_5A_3-C_4AF-C_3A-C_2S-$ $C_3S?$	$C_2S-C_3A-C_4AF-C_2F-$ Me-W-CA-Q-Cr
1200-1300	$C_4AF-C_3A-C_2S-C_3S$	$C_3S-C_2S-C_3A-C_4AF-$ Me-α-W-An-Q-Cr
1300-1400	$C_4AF-C_3A-C_2S-C_3S$	$C_3S-C_2S-C_3A-C_4AF$
1400-1500	$C_4AF-C_3A-C_2S-C_3S$	$C_3S-C_2S-C_3A-C_4AF$

Me - Melilith
W - Wollastonit
α-W - α-Wollastonit
An - Anorthit
Q - Quarz
Cr Cristobalit

Tabelle 16: Vergleich der Klinkerphasenbildungen aus der Literatur und aus eigenen Untersuchungen

Läßt man die von WEBER [1] sehr früh gefundene C_3S-Bildung außer acht, die auf eine Verschleppung im Ofensystem zurückgeführt werden könnte, so fällt die in der vorliegenden Arbeit gefundene Bildung intermediärer Phasen wie Melilith, Wollastonit, Anorthit und Cristobalit auf, die in der Literatur nicht gefunden wurde. Unserer Ansicht nach ist beim Brennen kaolinitischer Rohmehle mit der Bildung von Melilith zu rechnen. Cristobalit bildet sich erfahrungsgemäß beim Klinkerbrand, wird jedoch nur dann röntgenographisch erfaßbar, wenn die Quarzkorngröße im Rohmehl ein bestimmtes Maß überschreitet und dadurch Cristobalit in größeren Mengen auftreten kann.

Aus der Literatur geht nicht eindeutig hervor, welche Temperaturgrenze die Stabilitätsbereiche der beiden CS-Modifikationen kennzeichnet und in welcher Form der Wollastonit nach einer schnellen Abkühlung auf Raumtemperatur vorliegt.

HARDERS und KIENOW [2] finden 1960 folgende Stabilitätsgrenzen:

Wollastonit	β-CS:	$< 1150^\circ$ C
Pseudowollastonit	α-CS:	$1150^\circ - 1540^\circ$ C (S.P.)

---

[1] P. Weber: a.a.O.

[2] F. Harders und S. Kienow: Feuerfestkunde. Springer-Verlag 1960.

BUNTENBACH [1] und FREUND [2] beobachteten 1961 bzw. 1965 die Stabilität des β-CS bis 1200° C. Oberhalb 1200° C geht dann das β-CS in das α-CS über und bleibt bis zum Schmelzpunkt bei 1540° C stabil.

TROJER [3] findet 1963 einen reversiblen Übergang von β- in α-Wollastonit bei 1125° C.

3.4.1.6 Zusammenfassung

Das Brennverhalten der Rohmehle in Abhängigkeit von der Temperatur ist durch zunächst abnehmende und bei höheren Temperaturen ansteigende Rohdichten und damit ansteigende Klinkerfestigkeiten sowie durch zunehmende Kalkbindung gekennzeichnet. Deutlich auffallend ist die Beschleunigung des Garbrandes (Freikalkabnahme) nach der Bildung der flüssigen Phase, wobei in diesem Bereich auch die Bildung des Alit fällt, während die übrigen Klinkerphasen nahezu ausnahmslos bei 1000° C neben intermediären Phasen wie Melilith, Wollastonit, Anorthit und Cristobalit vorliegen.

---

[1] M. Buntenbach: Die Reaktion beim Brand von Dolomit mit oxydischen Komponenten im Temperaturgebiet von 1000° bis 1450° C und der Versuch einer quant. Deutung. Sonderdruck aus Sprechsaal, Nr. 11 (1961), Jg. 94.

[2] H. Freund: Handbuch d. Mikroskopie in der Technik. Umschau-Verlag, Frankfurt a/M. 1965, Band IV, Teil 3.

[3] F. Trojer: Die oxydischen Kristallphasen der anorg. Industrieprodukte. Stuttgart 1963.

Aus den Kalkbindungsuntersuchungen (3.4.1.3) geht hervor, daß der Freikalkgehalt der bei 1350° C gebrannten Ofenmehle allgemein unter 9 % liegt. Dies führte zu der Überlegung, die weiteren Untersuchungen auf eine Brenntemperatur von 1350° C zu beschränken, jedoch eine möglichst vollständige Kalkbindung durch Tempern zu gewährleisten.

3.4.2 Brennserie II

Die Rohmehle (Anlieferungszustand) wurden nach Erreichen von 1350° C 0, 60, 120 und 240 Minuten getempert.

Für die Untersuchungen der Brennserie II und III wurde die Anzahl der Rohmehle auf 12 erhöht. Bei der Ergänzung handelt es sich um 2 Ofenmehle des Werkes G, deren Kalkstandard in einem Fall erhöht (G_H) und im anderen verringert (G_T) wurde (s. Tab.6 Mittelwerte der chem. Analysen).

.1 Rohdichte

Die Auswertung der Rohdichteuntersuchung ergab folgende in den Anlagen 23 bis 26 wiedergegebenen Ergebnisse. In Abbildung 44 wurde die prozentuale Änderung der mittleren Rohdichte in Abhängigkeit von der Temperzeit dargestellt.

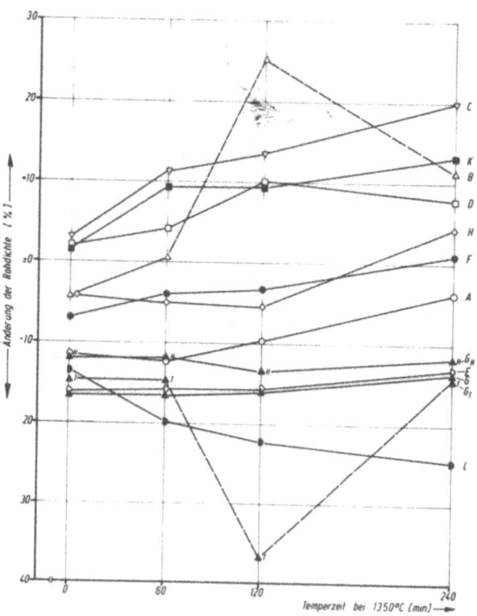

Abb. 44: Prozentuale Änderung der Rohdichte in Abhängigkeit von der Temperzeit

Der Darstellung ist zu entnehmen, daß die Rohdichten der Klinker während der Temperzeit bei 1350° C abnehmen (L), sich nicht ändern (E, G, G_H, G_T) oder zunehmen (A, B, C, D, F, H, K). Die Rohdichteänderungen bezogen auf den ungebrannten Zustand der 240 Minuten getemperten Klinker schwanken zwischen 23 % abnehmend (L) und 20 % zunehmend (C) um die Ausgangsrohdichte, die i. M. 1,90 g/cm^3 beträgt.

3.4.2.2 Klinkerdruckfestigkeit

Der Verlauf der Druckfestigkeiten in Abhängigkeit von der Temperzeit ist ähnlich dem der Rohdichte. Betrachtet man die Werte aus Tabelle 17, so ist ersichtlich, daß allgemein die Festigkeiten mit zunehmender Verweilzeit wenig abnehmen, gleich bleiben oder leicht ansteigen. Ein stärkerer Festigkeitsanstieg von 330 auf 710 kp/cm^2 wird bei Mehl C beobachtet.

Die Ausgangsfestigkeiten bei 0 Minuten schwanken zwischen 130 und 470 kp/cm^2. Bei 240 Minuten Temperzeit liegt der Schwankungsbereich zwischen 80 und 500 kp/cm^2, wenn Mehl C unberücksichtigt bleibt.

Proben-bezeich-nung	Proben-lage	Druckfestigkeit [kp/cm²] 0 min β_D	$\bar{\beta}_D$	60 min β_D	$\bar{\beta}_D$	120 min β_D	$\bar{\beta}_D$	240 min β_D	$\bar{\beta}_D$
A	o	204	250	227	260	274	260	317	350
	u	298		287		251		388	
B	o	287	350	363	390	331	360	653	500
	u	412		424		385		347	
C	o	238	330	525	530	520	550	794	710
	u	424		537		577		652	
D	o	407	470	467	540	424	440	394	330
	u	530		607		450		261	
E	o	258	260	223	240	235	250	301	330
	u	265		246		270		358	
F	o	207	250	220	240	267	300	307	310
	u	281		256		330		-	
G	o	184	230	184	200	161	180	157	170
	u	265		207		196		181	
G_H	o	156	180	180	210	141	160	171	200
	u	192		240		164		220	
G_T	o	196	220	173	200	141	160	157	160
	u	242		218		176		169	
H	o	520	450	312	390	305	390	413	450
	u	382		455		470		487	
K	o	285	270	234	270	367	320	333	260
	u	260		296		468		181	
L	o	140	130	78	80	87	80	87	80
	u	122		89		75		76	

Tabelle 17: Kleinprüfkörperdruckfestigkeit der unterschiedlich getemperten Klinker

Die Abbildung 45 zeigt die lineare Abhängigkeit der Druckfestigkeit und der Rohdichte von der Verweilzeit im Ofen bei 1350° C Brenntemperatur. Der enge Zusammenhang wird durch den hohen Korrelationskoeffizienten von 0,90 bestätigt, wobei bei der Berechnung der Regressionsgeraden der Wert des 120 Minuten getemperten Klinkers B nicht berücksichtigt wurde.

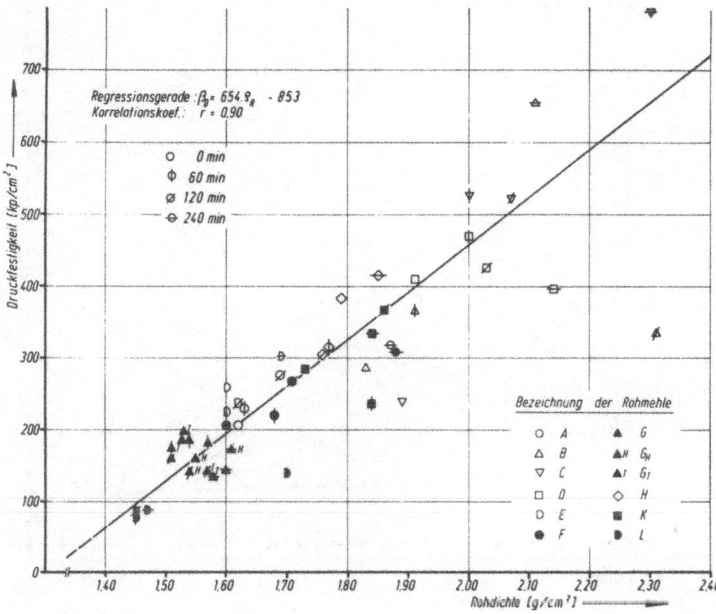

<u>Abb. 45:</u> Druckfestigkeit und Rohdichte in Abhängigkeit von der Temperzeit (Brenntemperatur: 1350° C)

3.4.2.3 Kalkbindung

Die Freikalkgehalte der 0, 60, 120 und 240 Minuten bei 1350° C getemperten Klinker sind der Anlage 27 zu entnehmen und in Abb. 46 als Mittelwerte der Freikalkmessungen über unterschiedlichen Temperzeiten aufgetragen.

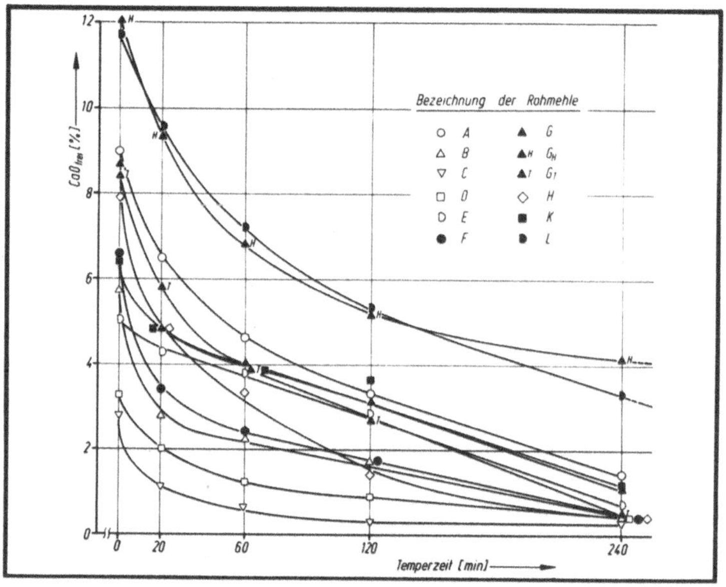

Abb. 46: Freikalkgehalte der Brennproben in Abhängigkeit von der Temperzeit (Brenntemperatur: 1350° C)

Der Abbildung ist zu entnehmen, daß der Freikalkgehalt der ungetemperten Klinker zwischen 2,7 und 12,1 % schwankt und die Mehle sehr unterschiedlich gar brennen, wenn die Unterschreitung von 2 % Freikalk als Garbrand betrachtet wird. Während die Mehle D und C bereits nach 20 Minuten gar sind, unterschreiten die Mehle G_H und L auch nach 240 Minuten Temperzeit die 2 %-Freikalkgrenze nicht.

3.4.2.4 Zusammenfassung

Aus den Untersuchungen der Brennserie II, bei der Garbrand durch unterschiedlich langes Tempern der Ofenmehle bei 1350° C erzielt werden sollte, waren nach 240 Minuten Temperdauer nur die Mehle L und G_H nicht gargebrannt, während die restlichen Rohmehle theoretisch (durch graphische Interpretation ermittelt) zwischen 0 und 20 Minuten (C und D) bzw. zwischen 120 und 240 Minuten (A, B, E, F, G, G_T, H und K) auf Freikalkgehalte < 2 % gebracht werden konnten.

Der in Brennserie I beobachtete Zusammenhang zwischen Rohdichte und Druckfestigkeit, nach dem steigende Rohdichten zu steigenden Druckfestigkeiten führen, wurde erneut bestätigt.

3.4.3 Brennserie III

Bei Brennserie III wurden die Grobkornfraktionen > 90, > 63 und > 40 µm nachgemahlen und nach Erreichen von 1350° C 0, 20 und 60 Minuten getempert.

3.4.3.1 Rohdichte

Die Meßwerte der Rohdichten sind den Anlagen 28 bis 36 zu entnehmen. Die mit aufgeführten prozentualen Änderungen der Rohdichten sind in den Abbildungen 47, 48 und 49 über den Temperzeiten dargestellt.

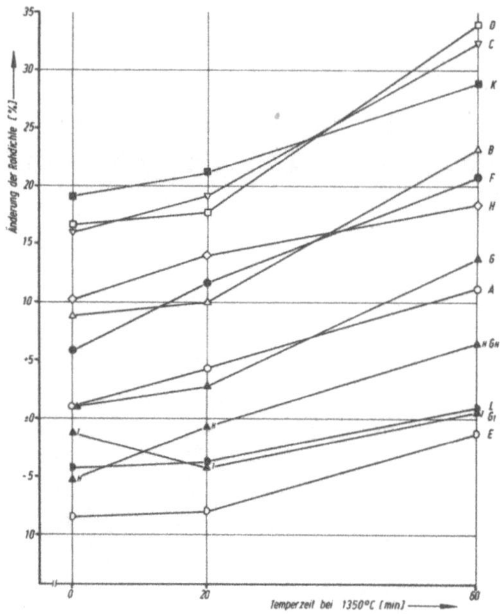

Abb. 47: Prozentuale Änderung der Rohdichten in Abhängigkeit von der Temperzeit (Brenntemperatur: 1350° C, Rohmehlfeinheit: < 90 µm)

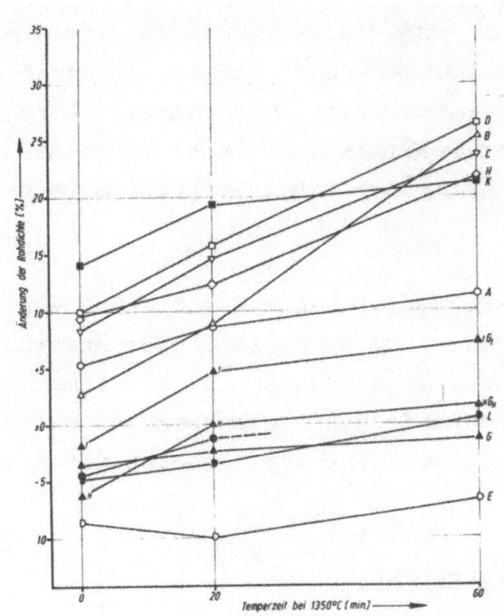

Abb. 48: Prozentuale Änderung der Rohdichten in Abhängigkeit von der Temperzeit (Brenntemperatur: 1350° C, Rohmehlfeinheit: < 63 µm)

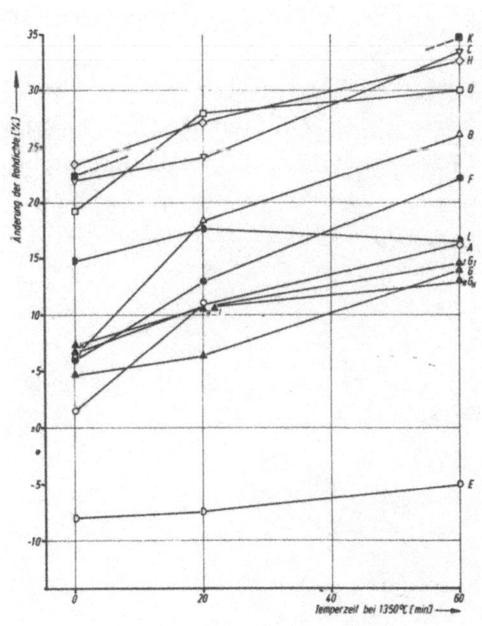

Abb. 49: Prozentuale Änderung der Rohdichten in Abhängigkeit von der Temperzeit (Brenntemperatur: 1350° C, Rohmehlfeinheit: < 40 µm)

Vergleicht man das Verhalten der Rohdichten in Abhängigkeit von der Temperzeit bei drei verschiedenen Rohmehlfeinheiten, so zeigt sich ein annähernd gleicher Anstieg der Rohdichteänderungen. Eine Ausnahme bildet Mehl E, das während der Temperzeit seine Rohdichte kaum ändert.

In Abhängigkeit von der Nachfeinung zeigt die Rohmehlgruppe (H, K, C, B, D) kaum eine Änderung, während eine andere Gruppe (A, G, G_T, G_H, F, L) mit zunehmender Feinheit zunehmende Rohdichten bezogen auf die Ausgangswerte aufweist. Auch hier zeigt Mehl E keine Beeinflussung.

3.4.3.2 Klinkerdruckfestigkeit

Die Druckfestigkeiten der bei 1350° C gebrannten und unterschiedlich getemperten Klinker sowie deren Mittelwerte sind in den Anlagen 37, 38 und 39 zusammengefaßt. Die Abbildungen 50, 51 und 52 geben das Festigkeitsverhalten der unterschiedlich feinen Ofenmehle wieder.

Während aus Abb. 50 kein einheitlicher Verlauf der Druckfestigkeit in Abhängigkeit von der Temperzeit zu erkennen ist, kann doch zwischen den beiden Rohmehlgruppen < 63 µm und < 90 µm aus Abb. 51 und Abb. 52 unterschieden werden.

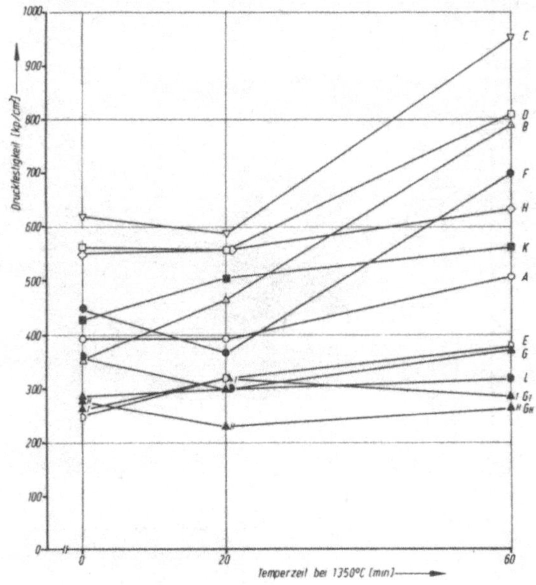

Abb. 50: Klinkerdruckfestigkeit in Abhängigkeit von der Temperzeit (Brenntemperatur: 1350° C, Rohmehlfeinheit: < 90 µm)

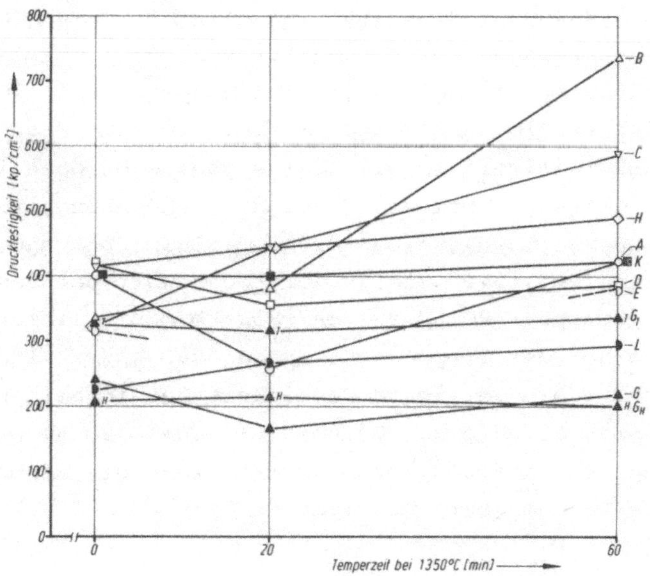

Abb. 51: Klinkerdruckfestigkeit in Abhängigkeit von der Temperzeit (Brenntemperatur: 1350° C, Rohmehlfeinheit: < 63 µm)

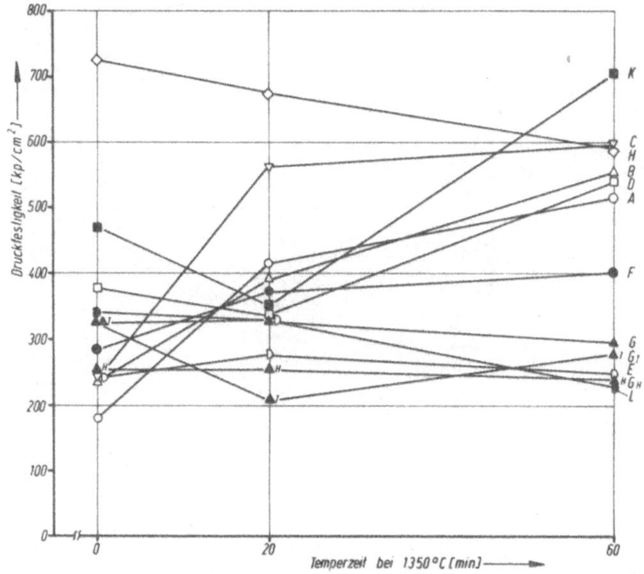

Abb. 52: Klinkerdruckfestigkeit in Abhängigkeit von der Temperzeit (Brenntemperatur: 1350° C, Rohmehlfeinheit: < 40 µm)

Die Ausgangsfestigkeiten der Klinker schwanken direkt nach Erreichen der Temperatur von 1350° C zwischen 250 und 620 kp/cm² bei einer Mehlfeinheit von < 90 µm und zwischen 210 und 420 kp/cm² bei < 63 µm. Nach 20 Minuten Verweilzeit im Ofen zeigen beide Gruppen in etwa den gleichen Verlauf, d.h., die Schwankungsbreiten liegen annähernd in denselben Grenzen. Beim Übergang auf 60 Minuten Temperzeit steigt der Höchstwert der Festigkeiten der Gruppe < 90 µm auf ca. 950 kp/cm² (Klinker C) während der der Gruppe < 63 µm bei 790 kp/cm² liegt (Klinker C). Die geringste Festigkeit hat in beiden Fällen Klinker G_H, die bei Feinmahlung auf < 90 µm bei 260 kp/cm² liegt und auf 200 kp/cm² sinkt, wenn die Rohmehlfeinheit auf < 63 µm gebracht wird.

Aud den Beobachtungen kann geschlossen werden, daß eine weitere Feinmahlung von < 90 µm auf < 63 µm oder auf < 40 µm keine Erhöhung der Klinkerdruckfestigkeiten bringt.

Einen abschließenden Vergleich zwischen Druckfestigkeit und Rohdichte bei zunehmender Temperzeit in Abhängigkeit von der Rohmehlfeinheit bringen die Abbildungen 53, 54 und 55.

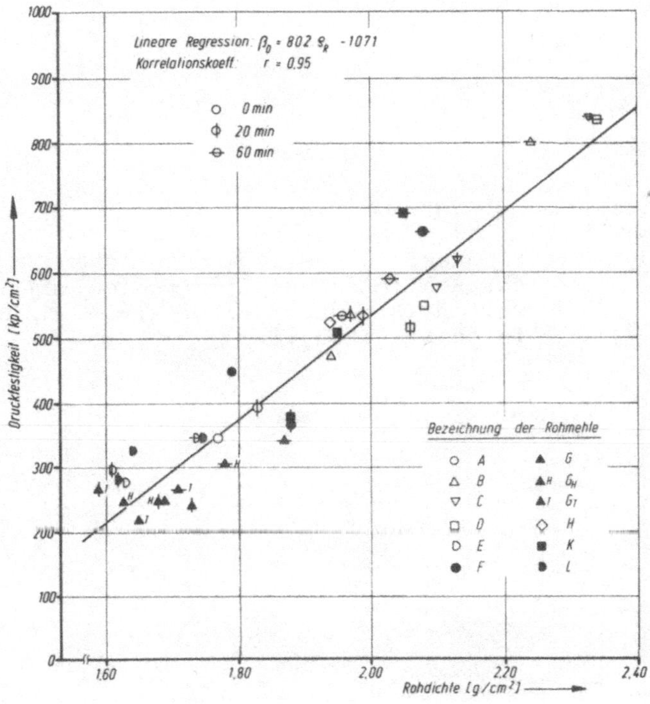

Abb. 53: Klinkerdruckfestigkeit in Abhängigkeit von der Rohdichte bei unterschiedlichen Temperzeiten. (Brenntemp.: 1350° C, Rohmehlfeinheit: < 90 µm)

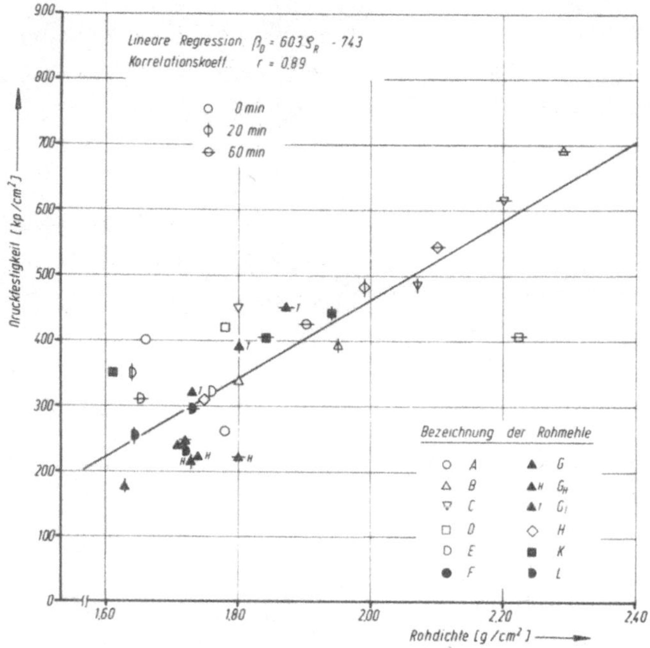

Abb. 54: Klinkerdruckfestigkeit in Abhängigkeit von der Rohdichte bei unterschiedlichen Temperzeiten (Brenntemperatur: 1350° C, Rohmehlfeinheit: < 63 µm)

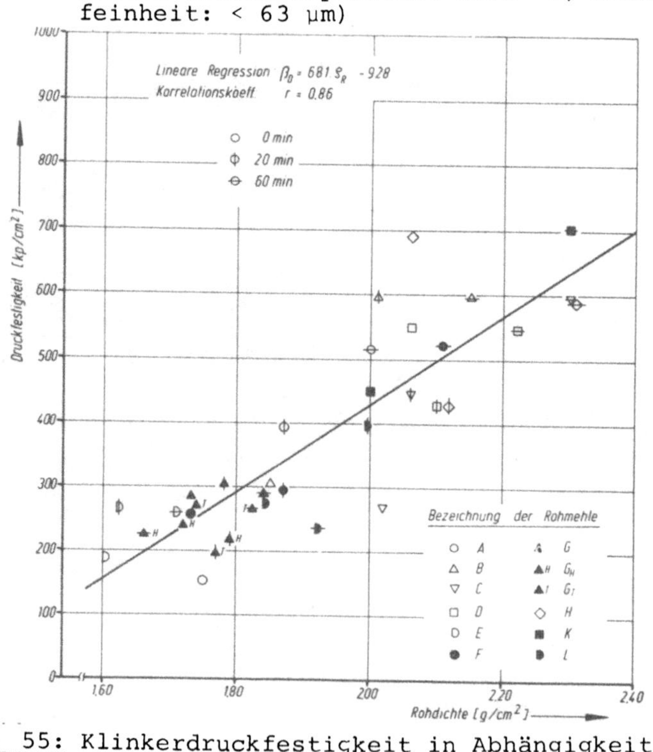

Abb. 55: Klinkerdruckfestigkeit in Abhängigkeit von der Rohdichte bei unterschiedlichen Temperzeiten (Brenntemperatur: 1350° C, Rohmehlfeinheit: < 40 µm)

Die Korrelationskoeffizienten nehmen beim Übergang der Mehlfeinheiten von < 90 auf < 63 und auf < 40 µm von 0,95 über 0,89 auf 0,86 ab. Die Abhängigkeit ist jedoch sehr deutlich gegeben.

3.4.3.3 Kalkbindung

Den in den folgenden Abbildungen 56, 57 und 58 graphisch dargestellten Bindungen des freien Kalkes in Abhängigkeit von der Rohmehlfeinheit und der Temperzeit wurden die mittleren Freikalkgehalte aus Tabelle 18 zugrunde gelegt. Die Einzelwerte sind Anlage 40 zu entnehmen.

Probenbezeichnung	FREIKALKGEHALT [%]								
	< 90 µm			< 63 µm			< 40 µm		
	0 min	20 min	60 min	0 min	20 min	60 min	0 min	20 min	60 min
A	6,3	3,1	0,7	4,3	2,4	1,0	4,3	1,4	0,4
B	3,8	1,6	0,4	1,9	0,3	0,1	2,2	0,5	0,2
C	1,8	0,6	0,4	1,0	0,4	0,1	1,7	0,6	0,1
D	1,3	0,8	0,1	0,85	0,3	0,1	0,8	0,2	0,1
E	4,2	3,2	1,4	3,05	2,3	0,7	3,9	2,5	1,0
F	4,2	2,4	0,7	3,4	2,1	0,6	4,5	2,8	1,6
G	4,0	2,7	0,5	2,8	1,7	0,2	4,5	2,1	1,1
G_H	6,7	5,6	3,1	5,2	3,3	1,8	4,9	2,0	1,2
G_T	4,6	2,5	0,4	2,3	0,7	0,1	2,6	0,7	0,4
H	4,2	2,2	0,7	2,2	1,2	0,3	4,8	2,4	1,4
K	7,0	4,8	2,4	3,5	3,1	2,3	6,3	5,9	4,5
L	2,5	1,7	0,2	3,2	1,7	0,7	3,2	1,5	1,3

Tabelle 18: Mittlere Freikalkgehalte der Klinker in Abhängigkeit von der Rohmehlfeinheit und der Temperzeit (Brenntemperatur: 1350° C)

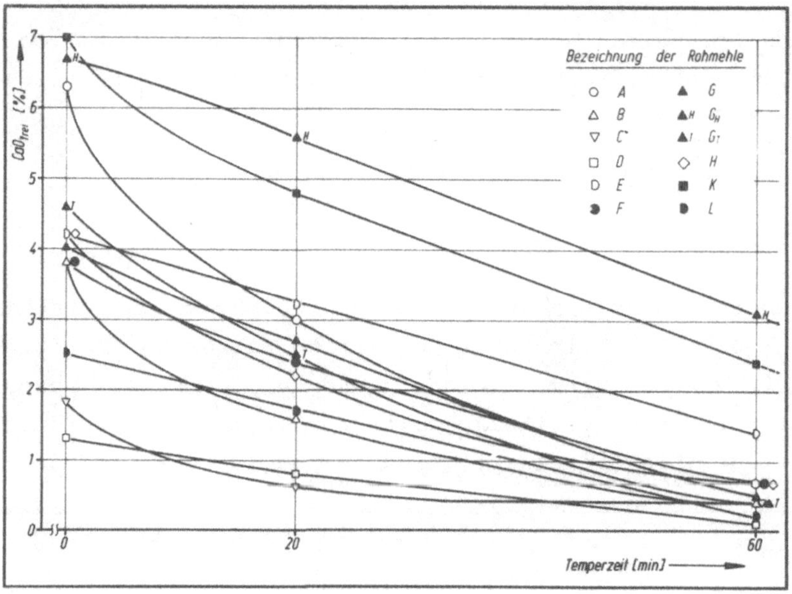

Abb. 56: Freikalkgehalt der Rohmehle in Abhängigkeit von der Temperzeit (Brenntemperatur: 1350° C, Rohmehlfeinheit: < 90 µm)

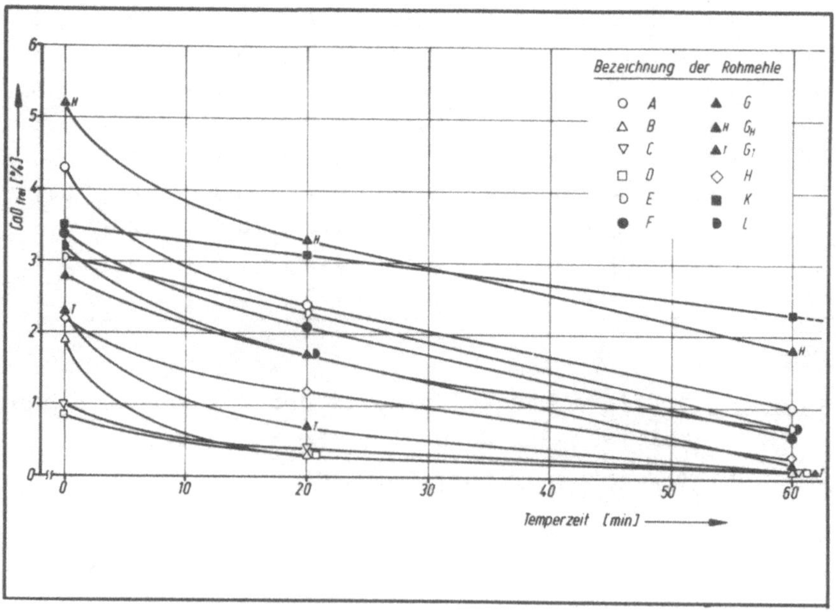

Abb. 57: Freikalkgehalt der Rohmehle in Abhängigkeit von der Temperzeit (Brenntemp.: 1350° C, Rohmehlfeinheit: < 63 µm)

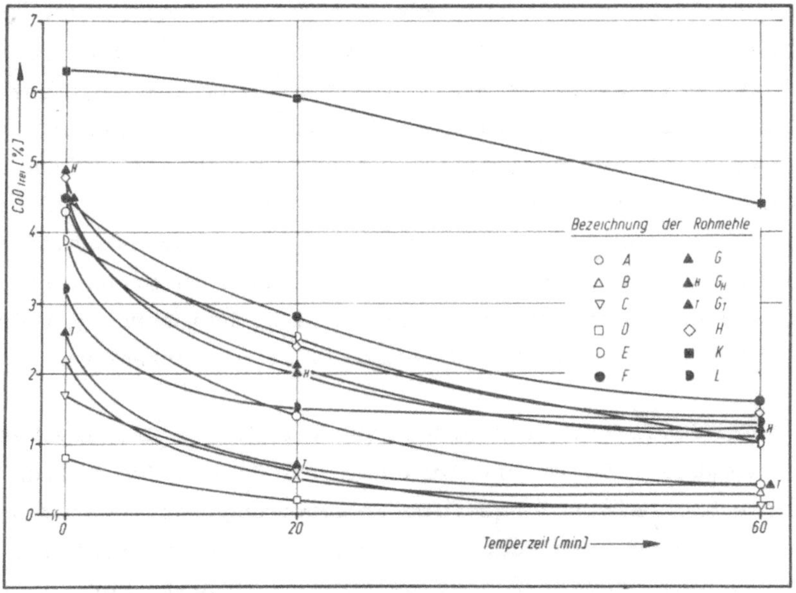

Abb. 58: Freikalkgehalt der Rohmehle in Abhängigkeit von der Temperzeit (Brenntemperatur: 1350° C, Rohmehlfeinheit: < 40 µm)

Vergleicht man das Kalkbindungsvermögen der nachgemahlenen Rohmehle mit dem der im Anlieferungszustand gebrannten Rohmehle (Abb. 46, Brennserie II), so ist zu erkennen, daß sich schon bei einer Feinmahlung auf < 90 µm die Schwankungsbreite im Freikalkgehalt aller 12 Rohmehle, die beim Anlieferungszustand zwischen 2,8 und 12,1 % lag, auf 1,3 bis 7,0 % verringert. Waren es im Ausgangszustand die Mehle G_H und L mit den mit Abstand höchsten Freikalkgehalten von 12,1 und 11,7 %, so verschiebt sich bei der Zerkleinerung auf < 90 µm das Bindungsvermögen der ungetemperten Klinker wie folgt:

Klinker L enthält nur mehr 2,5 % CaO_{fr} und bindet um ca. 9 % mehr CaO als der Klinker aus dem angelieferten Ofenmehl. Er zeigt damit die deutlichste Beeinflussung aller 12 Klinker. Klinker K wird durch die Feinmahlung der Grobanteile nicht beeinflußt. Bei den Klinkern D und C bewirkt die Zerkleinerung des Anteiles > 90 µm, daß bereits eine Temperatur < 1350° C zum Garbrand ausreicht. Die restlichen Rohmehle lagen in Brennserie II nach gleichen Brennbedingungen zwischen 9 und 5 % CaO_{fr} und nunmehr zwischen 4,6 und 3,8 % eng zusammen.

Nach 60 Minuten Temperzeit enthalten die Brennproben der Rohmehle < 90 µm mit Ausnahme von G_{II} und K sämtlich unter 2 % Freikalk. Die weitere Feinmahlung auf < 63 µm und < 40 µm bewirkt keine nennenswerte Verbesserung der Brenneigenschaften. Lediglich Mehl G_H wird noch zunehmend verbessert und unterschreitet bei einer Korngröße < 40 µm bereits nach 20 Minuten die Freikalkgrenze von 2 %.

Klinker K zeigt dagegen eine deutliche Verschlechterung der Brenneigenschaften durch die weitere Feinmahlung, die zur Zeit nicht erklärt werden kann.

3.4.3.4 Zusammenfassung

Der Zusammenhang zwischen Rohdichte und Druckfestigkeit wird auch bei Brennserie III wieder bestätigt. Es zeigt sich jedoch, daß der Korrelationskoeffizient mit zunehmender Feinmahlung abnimmt.

Die Kalkbindung wird im wesentlichen durch die Feinmahlung der Ausgangsrohmehle auf < 90 µm verbessert. Eine weitere Feinung der Ofenmehle auf < 63 oder < 40 µm bringt keine wesentlichen Änderungen mehr. Deutliche Ausnahmen bilden das Mehl G_H mit dem höchsten Kalkstandard, dessen Brennbarkeit mit zunehmender Feinheit zunehmend verbessert wird. Bei Mehl K hingegen tritt eine Verschlechterung der Brennbarkeit auf, die aus dem vorliegenden Versuchsmaterial nicht erklärt werden kann.

4. Diskussion der Ergebnisse

Die nachfolgende Diskussion der Versuchsergebnisse bezieht sich lediglich auf die gargebrannten Mehle der Versuchsserien I bis III. Es handelt sich also um Brennproben, deren Freikalkgehalt gleich oder kleiner 2 % beträgt. Dieser Wert wurde willkürlich festgesetzt. Die nachfolgenden Gedankengänge hätten jedoch auch für jeden anderen festgesetzten Wert Gültigkeit.

4.1 Rohdichte und Druckfestigkeit gargebrannter Klinker

Die Rohdichten und die Druckfestigkeiten gargebrannter Klinker der verschiedenen Brennserien sind in den Abbildungen 59 und 60 dargestellt.

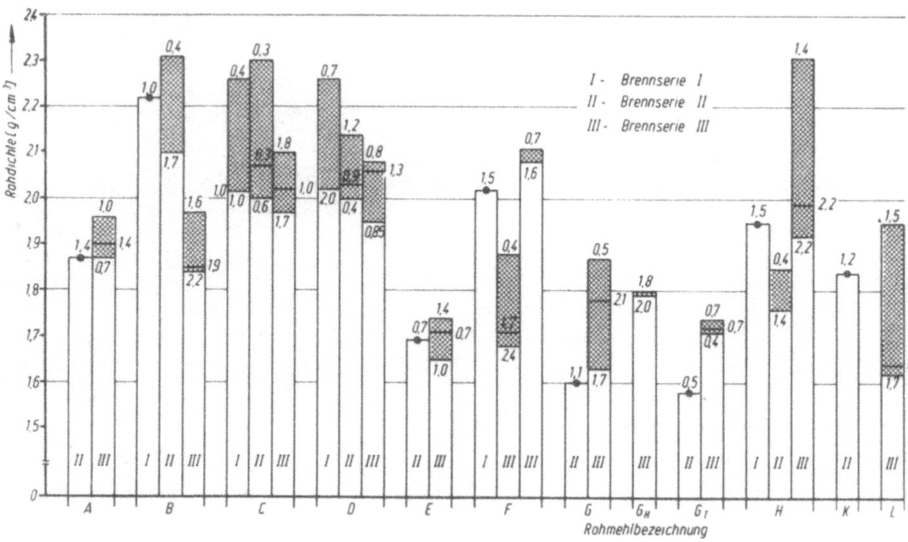

Abb. 59. Rohdichten der gargebrannten Klinker aus den Brennserien I, II und III (Zahlen an den Säulen bedeuten Freikalkgehalte)

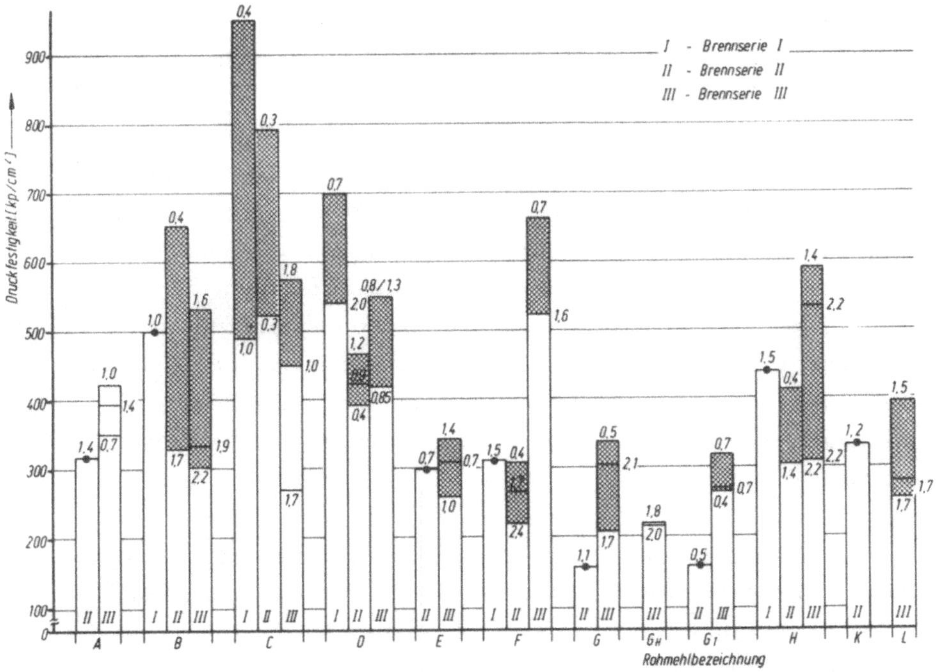

Abb. 60: Druckfestigkeiten der gargebrannten Klinker aus den Brennserien I, II und III (Zahlen an den Säulen bedeuten Freikalkgehalte)

Man erkennt aus den Bildern, daß sich teilweise Rohdichte- bzw. Festigkeitsbereiche ergeben, teilweise nur ein einziger Punkt vermerkt wurde, und teilweise - insbesondere bei Brennserie I - überhaupt keine Eintragung vorliegt. Letzteres bedeutet, daß hier während der Versuchsdauer kein Garbrand eintrat. Der Punkt läßt hingegen erkennen, daß nur in einem einzigen Fall, d.h. bei der höchsten Brenntemperatur oder der längsten Temperzeit, Garbrand erzielt wurde. Man erkennt deutlich aus den Abbildungen, daß mit einigen Mehlen der Garbrand bei niedrigen Rohdichten und Festigkeiten erzielt werden kann, während andere Mehle (B, C, D, F und H) erst bei höheren Rohdichten und Druckfestigkeiten garbrennen. Unterschiedlich zu beurteilen sind auch die Ausmaße der Bereiche im Zeitpunkt des Garbrandes. Hier ist insbesondere auf die großen Druckfestigkeitsunterschiede beim Rohmehl C hinzuweisen.

Betrachtet man die Zahlenwerte der beiden Blockdiagramme - sie beinhalten die Garbrandfreikalkgehalte nach Erreichen bestimmter Temperaturen (Brennserie I), nach bestimmten Temperzeiten (Brennserie II) und nach bestimmten Temperzeiten bei unterschiedlichen Kornfeinheiten (Brennserie III) - so fällt auf, daß die höchsten Druckfestigkeiten und Rohdichten mit wenigen Ausnahmen an Klinkern mit den niedrigsten Freikalkgehalten gemessen wurden.

Generell ist jedoch keine Beeinflussung der Druckfestigkeit oder der Rohdichte durch den Freikalkgehalt der gargebrannten Klinker bei unterschiedlichen Temperzeiten und Rohmehlfeinheiten zu erkennen.

In einer Voruntersuchung wurde festgestellt, daß die früher beobachtete Abhängigkeit zwischen Druckfestigkeit und Rohdichte bei den gargebrannten Klinkern - unabhängig von der Brennserie - zu Geraden führt, die sich in ihrer Steigung und im Achsenabschnitt nicht mehr signifikant unterscheiden, so daß die sämtlichen Werte der gargebrannten Klinker in der Abbildung 61 dargestellt werden konnten. In späteren Untersuchungen ist zu überprüfen, ob die gefundenen Klinkerdruckfestigkeiten bzw. die Rohdichten in direktem Zusammenhang mit der Mahlbarkeit oder auch der Festigkeitsentwicklung stehen, da dies die wesentlichen Zielgrößen sind.

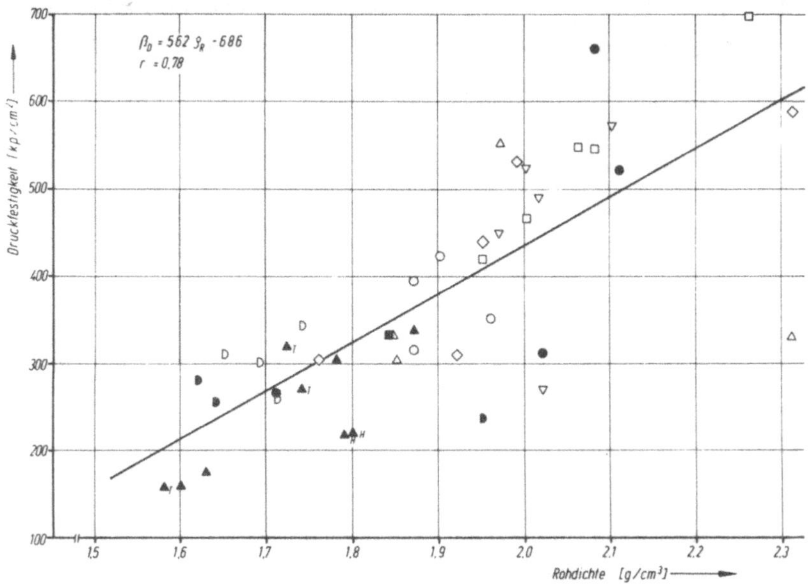

Abb. 61: Druckfestigkeiten in Abhängigkeit von den Rohdichten der gargebrannten Klinker (Brennserie: I, II und III)

4.2 Ermittlung der praktischen Brennbarkeit

Als "praktische Brennbarkeit" wird die Temperzeit bei 1350° C verstanden, die erforderlich ist, einen Freikalkgehalt gleich oder kleiner 2 % im Klinker zu erzielen. Sie wird im Gegensatz zu der später zu definierenden "theoretischen Brennbarkeit" aus den Brennbarkeitsuntersuchungen selbst abgeleitet.

Die Verfahrensweise zur exakten rechnerischen und grafischen Ermittlung der praktischen Brennbarkeit ist dem Textanhang 2 zu entnehmen.

Die Ergebnisse der rechnerischen Ermittlung der praktischen Brennbarkeit sind in der Anlage 39 sowie der Abbildung 62 dargestellt.

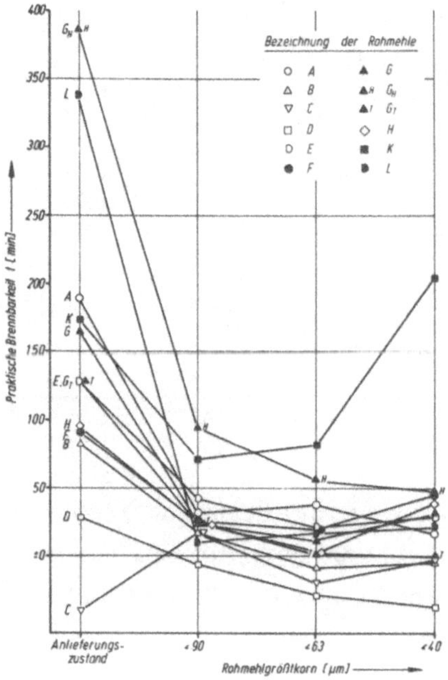

Abb. 62: Praktische Brennbarkeit der bei 1350° C gebrannten Rohmehle in Abhängigkeit von der Kornfeinheit

In Abb. 62 wurde die Brennbarkeit über der Kornfeinheit der Rohmehle aufgetragen. Eine negative Brennbarkeit bedeutet, daß diese Mehle bereits unter der gewählten Garbrandtemperatur von 1350° C und ohne Temperzeit bei der Garbrandtemperatur den vorgegebenen Freikalkgehalt von 2 % unterschreiten.

Mit einer Ausnahme führt die Nachfeinung der Kornanteile > 90 µm der angelieferten Rohmehle zu einer Verbesserung der Brennbarkeit. Besonders ausgeprägt ist dies Verhalten bei dem Mehl L mit dem größten Rückstand > 90 µm Korndurchmesser und dem Mehl G_H mit dem höchsten Kalkstandardwert. Die weitere Nachfeinung ist nurmehr von geringerem Einfluß und zeigt beim Rohmehl K beim Übergang auf eine Feinheit < 40 µm sogar eine deutliche Verschlechterung der Brennbarkeit, die aus den bisher vorliegenden Ergebnissen nicht erklärbar ist. Diese Darstellung ist geeignet, dem Praktiker den Einfluß der groben Kornfraktionen auf das Brennverhalten verschiedener Rohmehle deutlich zu machen.

4.3 Theoretische Brennbarkeit der angelieferten Rohmehle

Da es nicht immer möglich ist, unter definierten Bedingungen praktische Brennbarkeitsuntersuchungen durchzuführen, die einen objektiven Vergleich der Brenneigenschaften zulassen, muß von größtem Interesse sein, aus den chemischen und granulometrischen Daten eines Rohmehls dessen Brennbarkeit vorherzusagen. Diese vorhergesagte Brennbarkeit soll im folgenden als theoretische Brennbarkeit bezeichnet werden. Bei der Frage nach den Komponenten dieser theoretischen Brennbarkeit wurde aufgrund der vorliegenden Literaturergebnisse sowie der eigenen Untersuchungen und Beobachtungen geschlossen, daß die theoretische Brennbarkeit im wesentlichen durch den Grobkornanteil > 90 µm, den Kalkstandard und den Schmelzanteil bestimmt werden muß.

4.3.1 Einfluß der Grobkornanteile

Bei den Grobkornanteilen müßte von besonderer Bedeutung sein, ob die einzelnen mineralogischen Phasen einkörnig nebeneinander oder miteinander verwachsen vorliegen. Zunehmende Verwachsungen, besonders im Grobkornbereich, müssen demzufolge zu einer Verbesserung der Brennbarkeit bei gleichen Grobkornanteilen führen. Weiter ist zu berücksichtigen, ob in dem Grobkornanteil die chemischen Bestandteile der Rohmehle in gleicher Weise wie im Gesamtrohmehl verteilt vorliegen oder ob das Grobkorn kalkreicher oder kalkärmer als das Durchschnittsmehl ist. Es kommt also darauf an, den Grobkornanteil eines Mehles in Verbindung mit seiner chemischen und seiner mineralogischen Heterogenität zu verknüpfen. Hierzu wurde der 90 µm-Rückstand mit 30 %-iger Essigsäurelösung behandelt, wodurch nur die kalzitischen Bestandteile der Rohmehle herausgelöst wurden. Die in Essigsäure unlöslichen, überwiegend quarz- und tonhaltigen Bestandteile wurden abermals auf dem 90 µm-Sieb abgesiebt. Ergab sich kein Rückstand bei dieser Prozedur, so konnte angenommen werden, daß die Hydraulefaktoren aus den säureunlöslichen Bestandteilen vollständig mit dem Calcit verwachsen vorlagen. Ergab andererseits die erneute Siebung nach der Behandlung mit Essigsäurelösung keinen Kornanteil < 90 µm, so konnte angenommen werden, daß calcitische und nichtcalcitische Bestandteile vollkommen heterogen nebeneinander vorlagen. Dazwischen sind jegliche Übergänge möglich. Aus der Beziehung

$$K_V = \frac{H_V}{H\emptyset} \cdot K\,\emptyset$$

kann der verwachsen vorliegende Kalkanteil überschläglich berechnet werden. In der Formel bedeuten:

H_v = Anteil verwachsener Hydraulefaktoren
K_v = Anteil verwachsenen Kalkes
HØ = durchschnittl. Anteil an Hydraulefaktoren im Rohmehl
KØ = durchschnittl. Anteil an Kalk im Rohmehl

H_v und K_v addiert ergeben die Gesamtverwachsung, die vom Siebrückstand > 90 µm subtrahiert, die Heterogenität R 90 ergeben. Für die untersuchten Rohmehle sind die entsprechenden Ergebnisse in Anlage 42 zusammengefaßt. Aus den Ergebnissen ist zu entnehmen, daß die Heterogenität R 90 zwischen 2,0 für das Rohmehl C mit der besten Brennbarkeit und 33 für das Rohmehl L mit der nahezu ungünstigsten Brennbarkeit schwankt.

Die Richtigkeit der Überlegungen wurde durch mikroskopische Untersuchungen überprüft. Die Abbildungen 63 bis 66 zeigen Beispiele für die in den Mehlen B, C und E vorkommende Verwachsungen sowie für unverwachsen vorliegende Kalk- bzw. Quarzitkörner.

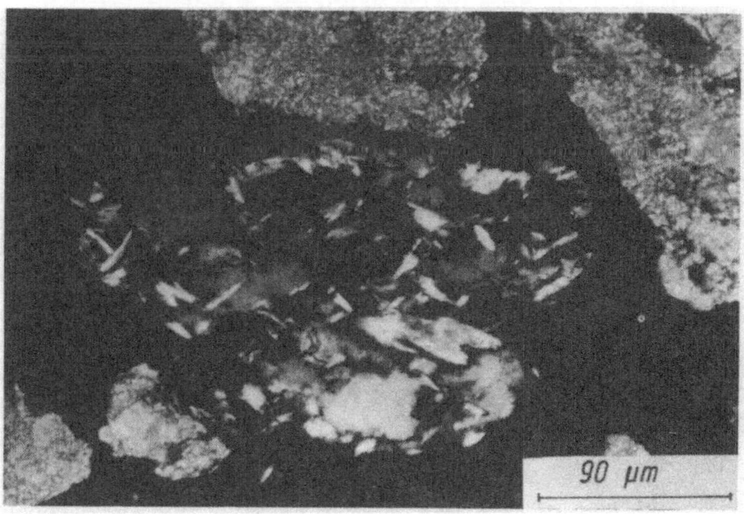

Abb. 63: Verwachsung mehrerer Quarzkörner mit leistenförmigem Glimmer und Calcit (Rohmehl B)

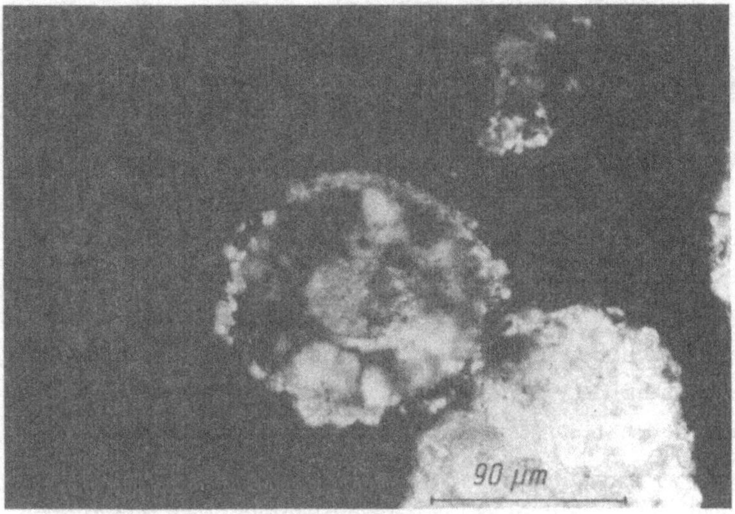

Abb. 64: Verwachsung eines runden Quarzkornes (ondulöse Auslöschung) mit einem Calcitkern und einem Calcitsaum (Rohmehl C)

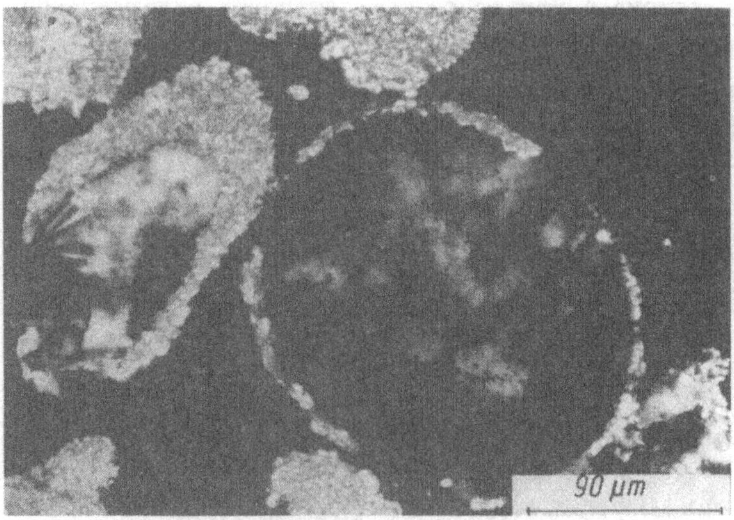

Abb. 65: Verwachsung zweier runder Quarzkörner (ondulöse Auslöschung) mit einem Calcitsaum. Linkes Korn mit Hämatit in dentritischer Form (Rohmehl C)

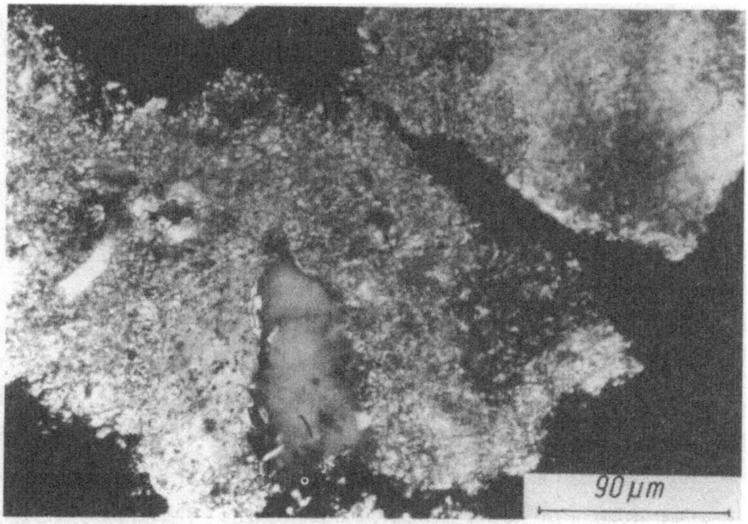

Abb. 66: Verwachsung eines Quarzkornes mit feinkörnigem Calcit unterschiedlicher optischer Orientierung (Rohmehl E)

Diese mikroskopischen Untersuchungen wurden gemeinsam mit ZOGRAFOU [1] durchgeführt und werden zur Zeit durch Untersuchungen mit der Mikrosonde gemeinsam mit BURCHHARDT [2] weitergeführt.

4.3.2. Einfluß des Kalkstandard

Aus den vorliegenden Literaturergebnissen war zu entnehmen, daß ein zunehmender Kalkstandard die Brennbarkeit verschlechtert. Dies war auch besonders deutlich zu erkennen in Verbindung mit dem Rohmehl G_H, dessen Kalkstandard über 100 liegt. Nach unseren Voruntersuchungen hat sich ergeben, daß zweckmäßigerweise der verbesserte Kalkstandard III zur Ermittlung der theo-

---

[1] u. [2] C. Zografou u. W. Burchhardt: Unveröffentlichte Arbeit des Institutes für Gesteinshüttenkunde, RWTH Aachen.

retischen Brennbarkeit Verwendung finden sollte. Die Werte wurden zusammen mit der chemischen Analyse in Tabelle 6 mitgeteilt. Die Werte schwanken zwischen 92,6 und 103,7.

.3. Einfluß des theoretischen Schmelzanteiles

Weiter war aus den Literaturergebnissen sowie aus den Untersuchungen der Brennserie I zu entnehmen, daß im Bereich der Schmelzbildung die Kalkbindung, Alkaliabspaltung und Rohdichteänderung besonders stark sind. Es lag nahe, den theoretischen Schmelzanteil zu berechnen und bei der Formulierung der theoretischen Brennbarkeit zu berücksichtigen. Leider wird bei der Berechnungsweise nach DAHL [1] nur das reine System

$$CaO - SiO_2 - Fe_2O_3 - Al_2O_3$$

zugrunde gelegt, d.h., die Verunreinigungen wie Alkalien und MgO u.a. finden keine Berücksichtigung. Laufende Untersuchungen beschäftigen sich mit der Erfassung der praktischen Schmelzanteile und deren Bildungstemperaturen. Aus der Tabelle 19 ist zu entnehmen, daß die auf 1338° C bezogenen Schmelzanteile zwischen 8,8 und 22,4 betragen.

Die weitere Aufgabe bestand darin, die Heterogenität R90 (H_{R90}), den Kalkstandard III (KSt III) und den Schmelzanteil (SA) zur theoretischen Brennbarkeit (B_{th}) sinnvoll zu verknüpfen.

---

[1] L.A. Dahl: a.a.O.

Rohmehl-bezeichnung	Theoretischer Schmelzanteil [%]
A	15,9
B	21,8
C	19,9
D	22,4
E	8,8
F	12,7
G	14,9
G_H	14,6
G_T	14,8
H	16,1
K	17,2
L	16,8

Tabelle 19: Theoretischer Schmelzanteil der Rohmehle (nach Dahl)

Diese Aufgabe wurde dadurch gelöst, daß die gefundenen Werte der praktischen Brennbarkeit (B_p) verschiedenen Ausdrücken der theoretischen Brennbarkeit gegenübergestellt wurden. Dabei ergab sich folgender mit Hilfe eines Rechners ermittelter Ansatz zur Beschreibung der theoretischen Brennbarkeit:+)

$$B_{th} = 55{,}5 + 11{,}9\ H_{R90} + 1{,}56\ (KStIII\text{-}90)^2 - 0{,}43\ SA^2$$

In diesem Ansatz wurden die Werte für Mehl K nicht berücksichtigt. Die so berechneten theoretischen Brennbarkeitswerte sind in Tabelle 20 den praktischen Brennbarkeiten gegenübergestellt.

+) Für die Hilfeleistung bei der Berechnung der theoretischen Brennbarkeit sei an dieser Stelle Herrn Prof. Dr. P. Wilrich vom Institut für angewandte Statistik der RWTH Aachen gedankt.

Rohmehl-bezeichnung	Theoretische Brennbarkeit	Prakt. Brennbarkeit (Anlieferung) [min]
A	158	189
B	61	82
C	- 37	- 41
D	43	28
E	107	128
F	121	91
G	184	164
G_H	382	385
G_T	158	128
H	71	94
K	25	173
L	334	337

Tabelle 20: Theoretische und praktische Brennbarkeit der Rohmehle im Anlieferungszustand

4.4 Praktische und theoretische Brennbarkeit

In Abbildung 67 sind die praktischen (empirischen) den theoretischen (rechnerischen) Brennbarkeiten gegenübergestellt. Letztere wurden mit der Dimension [min] versehen. Da sich das Rohmehl K von den übrigen Mehlen durch seine mineralogische Zusammensetzung unterscheidet, wurde es bei der Berechnung der theoretischen Brennbarkeit nicht berücksichtigt, wohl aber in der Darstellung. Es zeigt sich, daß die theoretisch berechnete Brennbarkeit zu niedrig liegt. Weitere Brennbarkeitsuntersuchungen sollen dieses Verhalten jedoch noch klären. Die Darstellung läßt erkennen, daß sich die Brennbarkeit gut durch die angegebene Gleichung beschreiben läßt.

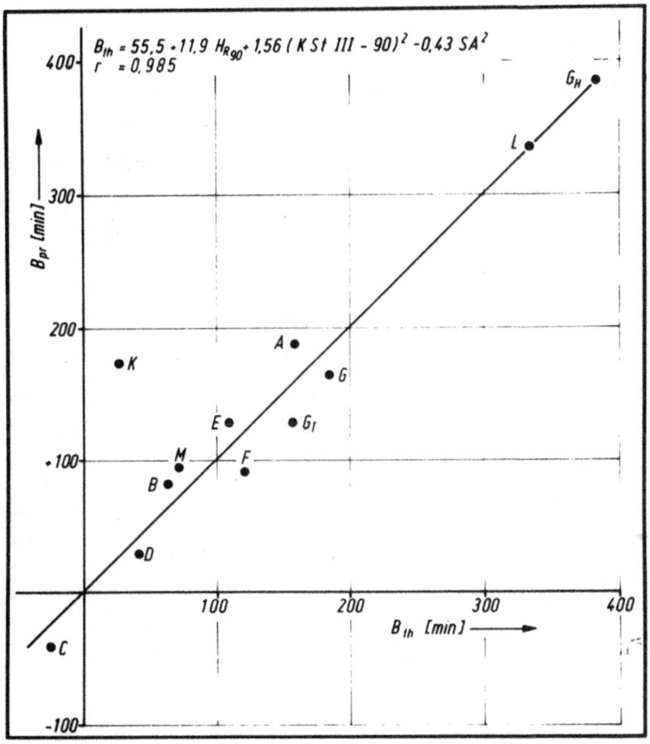

Abb. 67: Praktische und theoretische Brennbarkeit der untersuchten Rohmehle

Sie zeigt auch, daß die Mehle einen weiten Bereich möglicher Brennbarkeiten überstreichen. Die negative praktische Brennbarkeit bedeutet wieder, daß dieses Mehl bereits unter 1350° C garbrennt.

Diese Ergebnisse beweisen, daß es möglich ist, aus den chemischen und granulometrischen Daten von Rohmehlen deren Brennverhalten vorauszusagen. Andererseits ist es aber auch möglich, mit Hilfe der gefundenen Beziehungen die Brennbarkeit vorhandener Rohmehle durch geeignete Korrekturen der chemischen Zusammensetzung bzw. der Granulometrie zu verbessern.

5. Zusammenfassung

In der vorliegenden Arbeit wurde der Einfluß der wichtigsten Parameter wie Korngrößenverteilung, Kornheterogenität, chemische und mineralogische Zusammensetzung auf die Brennbarkeit technischer Zementrohmehle untersucht. Die Ergebnisse aus der Literatur wurden - soweit möglich - im experimentellen Teil und dessen Auswertung berücksichtigt.

Es wurden zwölf technische Zementrohmehle unterschiedlicher granulometrischer und chemischer Zusammensetzung untersucht.

5.1 Die Untersuchung der Ofenmehle erfolgte granulometrisch, chemisch, mineralogisch und physikalisch.

5.1.1 Vorversuche zeigten, daß die granulometrischen Untersuchungen zweckmäßig im Feinbereich (< 25 µm) mit Ultraschall-Microsieben und mit dem Coulter-Counter und im Grobbereich (> 25 µm) nach dem Naßsiebverfahren erfolgen.

Die der Arbeit zugrunde gelegten chemischen Analysen entsprechen den Mittelwerten aus zwölf in verschiedenen Laboratorien durchgeführten Untersuchungen. Darüber hinaus wurde die geologische Herkunft der Rohmehle beschrieben.

5.2 Die Rohmehle wurden vor dem Brand einheitlich in der Kleinzylinderpresse nach KEIL und MATHIEU mit einem Preßdruck von 6 mkp zu zylindrischen Prüfkörpern verpreßt. Der Klinkerbrand erfolgte in einem Gradientenofen mit regelbarer Vorschubgeschwindigkeit. Dadurch konnten die Brennbedingungen dem Granalien-Brennverfahren (Schachtofen - oder Lepolverfahren) angenähert werden.

5.3 Die Brennversuche zur Erzielung des Garbrandes ($CaO_{fr} \leq$ 2 %) umfaßten drei Brennserien:

Brennserie I:	Brenntemperaturen:	1050, 1150, 1250, 1350 und 1450° C
	Temperdauer:	20 Minuten
Brennserie II:	Brenntemperatur:	1350° C
	Temperdauer:	0, 60, 120 und 240 Minuten
Brennserie III:	Brenntemperatur:	1350° C
	Temperdauer:	0, 20 und 60 Min.
	Rohmehlbeschaffenheit:	Nachgefeinte Rückstände > 90, > 63 und > 40 µm

Die Brennprodukte der drei Brennserien wurden chemisch (Freikalkgehalt), mineralogisch (Klinkerphasen) und physikalisch-technisch (Rohdichten und Druckfestigkeiten) untersucht.

5.4 Aus den Ergebnissen der Brennversuche geht hervor:

Der Freikalkgehalt der Klinker (Brennserie I) beträgt bei 1350° C Brenntemperatur bereits < 9 %, d.h., daß bei dieser Temperatur mit entsprechend langen Temperzeiten Garbrand erzielt werden kann.

Bei 1350° C und einer maximalen Haltezeit von 240 Minuten (Brennserie II) waren mit Ausnahme der Mehle L (hoher Siebrückstand > 90 µm) und G_H (Kalkstandard III > 100) alle Rohmehle gargebrannt.

Eine wesentliche Verbesserung der Kalkbindung (Brennserie III) erfolgt durch Nachfeinung der Ausgangsrohmehle auf < 90 µm.

Die Bildungsbereiche der Klinkerminerale entsprechen im wesentlichen den Literaturangaben. Unterschiede ergeben sich bei der Beurteilung intermediär auftretender Phasen.

Zwischen Rohdichte und Druckfestigkeit der Klinker besteht ein enger Zusammenhang, der jedoch mit zunehmender Rohmehlfeinheit abnimmt.

Die Rohdichten und die Druckfestigkeiten der gargebrannten Klinker werden weder von der Rohmehlfeinheit noch vom Freikalkgehalt beeinflußt.

Ein besonders starker Einfluß auf die"praktische Brennbarkeit" (B_{pr}) - unter praktischer Brennbarkeit wird diejenige Temperzeit (Minuten) bei 1350° C Brenntemperatur verstanden, nach welcher der Gehalt an freiem

Kalk < 2 % beträgt - wird durch die Nachfeinung der Mehle auf < 90 µm erzielt. Aber auch die Bedeutung des Kalkstandard und des Schmelzanteiles konnte durch die Entwicklung der "theoretischen" Brennbarkeit aufgezeigt werden.

Der praktischen Brennbarkeit wird eine "theoretische Brennbarkeit" (B_{th}) gegenübergestellt. Sie setzt sich aus der Kornheterogenität im Rohmehlrückstand > 90 µm, dem Kalkstandard III und dem nach DAHL berechneten theoretischen Schmelzanteil zusammen und kann aus den Analysen, dem Kornanteil > 90 µm und der einfach bestimmbaren Heterogenität ermittelt werden. Dem Praktiker ist hiermit ein erstes Mittel gegeben, das Brennergebnis gezielt durch verschiedene Maßnahmen zu verbessern. Weitere Arbeiten zur genaueren Gewichtung der gefundenen Einflußgrößen sowie zur Aufklärung zusätzlicher Zusammenhänge sind vorgesehen.

LITERATUR

[1] Blumbach, J.: Untersuchungen zur Feinheitsbestimmung von Zementen mit dem Coulter-Counter und zur Beurteilung von Mahlvorgängen in Zementmühlen. Diss. Aachen, 1970.

[2] Boersma, S.L.: I. Amer. Ceram. Soc. 38 (1955), S. 281.

[3] Bogue, R.H.: Reaktionen, die bei der Herstellung von Portlandzement in festem Zustande vor sich gehen. Tonind.-Ztg. 76 (1952), S. 281/282.

[4] Bogue, R.H. u.W.C. Taylor: Portland Cement Assoc. Res. Reports. Dez. 1932.

[5] Bröde, E.: Über das Festigkeitsverhalten von feuerfesten Stampfmassen auf Quarzitbasis unter besonderer Berücksichtigung der Heißdruckfestigkeit. Diss. Aachen 1971.

[6] Buntenbach, M.: Die Reaktion beim Brand von Dolomit mit oxydischen Komponenten im Temperaturgebiet von 1000° bis 1450° C und der Versuch einer quantitativen Deutung. Sonderdruck aus Sprechsaal, Nr. 11 (1961), Jg. 94.

[7] Dahl, L.A.: The Recast Analysis and its Relation to the Chemistry of Portland Cement. Rock.Prod. 35, Nr. 14,16,18, 20,22 (1932).

[8] Dahl, L.A.: Estimation of Phase Composition of Clinker in the System $3CaO.SiO_2$ - $2 CaO.SiO_2$ - $3CaO.Al_2O_3$ - $4CaO.Al_2O_3.Fe_2O_3$ at Clinkering Temperatures. Rock.Prod. 41 (1938), Nr. 9, 48-50; Nr. 10, 46-48; Nr. 11, 42-44; Nr. 12, Nr. 44-47; 42 (1939), Nr. 1, 68-70; Nr. 2, 46-49; Nr. 4, 50-53; übers. und erläutert von Seidel K., Zement 28 (1939), S. 649 ff, 657 ff, 667 ff, 679 ff.

[9] Dyckerhoff, K.: Untersuchungen an Zementrohmischungen mit sehr hohem Silikatmodul. Diss. Clausthal 1957.

[10] Dyckerhoff, W.: Über den Verlauf der Mineralbildung beim Erhitzen von Gemengen aus Kalk, Kieselsäure und Tonerde. Diss. Frankfurt 1925.

[11] Frund, H.: Handbuch der Mikroskopie in der Technik. Umschau Verlag, Frankfurt a/M., 1965, Bd. IV, Teil 3.

[12] Gebauer, J. u. E. Fitzer: Reaktionen zwischen Kalk und Kieselsäure bei hohen Temperaturen. ZKG 9 (1969), S. 402/6.

[13] Hanke, E.: Über die Anwendung des Korngrößenanalysators, System Holderbank. Unveröffentl. Arbeit d. Inst.f.Gesteinshüttenkunde,RWTH Aachen.

[14] Harders, S.F. u. S. Kienow: Feuerfestkunde. Springer-Verlag, 1960.

[15] Haul, R. u. G. Dümbgen: Vereinfachte Methode zur Messung von Oberflächengrößen durch Gasadsorption. Chem.Ing.Techn. 32 (1960), S. 349; 35 (1963), S. 586.

[16] Hedvall, J.A.: Einführung in die Festkörperchemie. Verlag Viehweg und Sohn, Braunschweig 1952.

[17] Hedvall, J.A.: Sinterung und Festkörperreaktivität. DKG 30 (1953), H. 1, S. 8/13.

[18] Heilmann, T.: The influence of the fineness of cement raw mixes on the burnability. 3. Intern. Sympos. Chemistry Cement, London, Sept. 1952, S. 711/749.

[19] Hild, K. u. G. Trömel: Die Reaktion von Calciumoxyd und Kieselsäure in festem Zustand. Z. anorg. und allgem. Chemie, Bd. 215 (1933), S. 333.

[20] Hoffmann, S. u. W. Jander: Reaktionen im festen Zustand bei höheren Temperaturen. VI. Die Reaktion zwischen CaO und SiO_2. Z. anorg. Chemie 218 (1936), S. 211/224.

[21] Jagitsch, R.: Untersuchungen über die Kinetik der Ca-Silikatbildung. Z. physik. Chemie, Abt. B 36 (1937), S. 339/346.

[22] Johansen, V.: Burnability of Raw Mixes. A Theoretical Approach to the Size of CaO-Particles. 74th Annual Meeting of the American Ceramic Society, Washington 1972.

[23] Keil, F. u. H. Mathieu: Normenprüfung, Kleinprüfung, Schnellprüfung. Sonderdruck aus ZKG, 11 (1958), H. 3, S. 81/86.

[24] Keyser, de, W.L.: Reaktivity in the solid state between the oxides of the cement system. Tidskr. for Tekniskvetenskapl. forskning 26 (1955), H. 7, S. 222/308.

[25] Kühl, H.: Zementchemie II, 1958.

[26] Kühl, H.: Zementmoduln. TIZ (1930), I, S. 389.

[27] Kühl, H. u. H. Lorenz: Die Kalkbindung durch die Bestandteile des Tones bei fortschreitender Erhitzung von Zementrohmehl. Zement 18 (1929), S. 604.

[28] Kühl, H. u. B. Perkowitz: Die Quarz-Kieselsäure im Zementrohmehl. TIZ 57 (1933), Nr. 25, S. 297/298.

[29] Lauer, O.: Anwendung der neuartigen Präzisions-Microsiebe für Korngrößenbestimmungen. Staub 20 (1960), Nr. 3, S. 69/71.

[30] Lea, F.M.: The Chemistry of Cement and Concrete. Edward Arnold, London, S. 157.

[31] Lea, F.M. u. T.W. Parker: The Quarternary System CaO-Al_2O_3-SiO_2-Fe_2O_3 in Relation to Cement Technology. Building Res. Techn. Paper No. 16.

[32] Lehmann, H., Locher, F.W. u. P. Thormann: Der Einfluß der Kalksteinkorngröße auf die Klinkermineralbildung im Temperaturbereich von 850° bis 1450° C. TIZ 88 (1964), Nr. 23 u. 24, S. 489/547.

[33] Lindner, R.: Silikatbildung durch Reaktion im festen Zustand. Z. physik. Chemie 6 (1956), S. 129/142.

[34] Matouschek, F.: Der Kalksättigungsgrad des Portlandzementklinkers in seiner Beziehung zur Rohmaterialanalyse, dem Brennen des Klinkers und den Mörtelfestigkeiten. ZKG, Nr. 2, (1970), S. 80/87.

[35] Meade, R.K.: Portland Cement. Easton, Pa. (1926).

[36] Mussgnug, G.: Sinterfähigkeit von Rohmehlen. Tagungsbericht der Zementindustrie (1952), H. 7, S. 33/55.

[37] Pfrunder, V.R. u. H. Wickert: Einige Versuche über den Einfluß der chemischen Zusammensetzung und der Mahlung auf die Sinterung von Zementrohmehlen. ZKG Nr. 4 (1970), S. 147/151.

[38] Quittkat, W.: Die Phasenumbildungsvorgänge beim Zementklinkerbrennen aus Rohmehlen mit Branntkalk-, Kalkhydrat- und Kalksteinkomponente und ihre Bedeutung für den technischen Brennprozeß. TIZ 89 (1965), 15/16, S. 351/365.

[39] Richartz, W.: Strontium und Barium in Zementen. ZKG, Nr. 3, (1964), S. 99.

[40] Schottky, W. u. C. Wagner: Festkörperchemie. Z. physik. Chemie 11 (1930), S. 163.

[41] Schunk, S.: Zur Beurteilung der Sinterfähigkeit von Zementrohstoffen. Silikattechnik 13 (1962), Nr. 8, S. 284/287.

[42] Schwiete, H.E. u. W. Goerg: Bindungen des CaO an die saure Komponente im natürlichen, hochhydraulischen Kalk. Bundesverband der deutschen Kalkindustrie (1958), H. 3, S. 207/23.

[43] Schwiete, H.E. u. R.W. Hechler: Festkörperreaktionen in silikatischen Systemen. Vortrag auf der VIII. Konferenz der Silikatindustrie, Budapest, 9. Juni 1965.

[44] Spohn, E. u. D. Knöfel: Der quantitative Phasengehalt im Zementklinker. ZKG Nr. 10 (1969), S. 474.

[45] Spohn, E.: Die Kalkgrenze des Portland Zementes. Zement (1932), S. 702.

[46] Spohn, E., Woermann, E. u. D. Knöfel: Eine verfeinerte Kalkstandardformel. ZKG 2 (1969), S. 55/60.

[47] Thormann, P.: Über die Bedeutung der getrennten Vermahlung von Kalkmergel und Sand für die Klinkermineralbildung beim Zementbrennen. TIZ 92 (1968), Nr. 1, S. 7/11.

[48] Trojer, F.: Die oxydischen Kristallphasen der anorganischen Industrieprodukte. Stuttgart 1963.

[49] Weber, P.: Wärmeübergang im Drehofen unter Berücksichtigung der Kreislaufvorgänge und der Phasenbildung. Diss. Clausthal 1959.

[50] Wessel, J.: Schwerkraft- und Fliehkraftsichter. Aufbereitungstechnik Nr. 3 (1966), S. 154/160.

[51] Weyer, J.: Der Verlauf der Reaktion von Kaolin und Kalk bei statischer Erhitzung. Diss. Universität Kiel 1930.

[52] Zografou, C. u. W. Burchhardt: Unveröffentlichte Arbeit des Institutes für Gesteinshüttenkunde, RWTH Aachen.

Textanhang 1

Der Quarzgehalt wurde mittels quantitativer röntgenographischer Phasenanalyse bestimmt und errechnete sich aus dem Verhältnis der Intensität (bei d = 3,34 Å) der Probe und des Quarzstandard, wobei die Ergebnisse auf den Anlieferungszustand der Rohmehle umgerechnet wurden. Weiterhin wurde die aufgrund des höheren Massenschwächungskoeffizienten für CuK_{α}-Strahlung von Eisenoxyd (Fe_2O_3 = 230,61 und SiO_2 = 34,98) entstehende Abschwächung der Quarzintensität durch einen Erhöhungsfaktor korrigiert. Der Rechengang war wie folgt:

Gegeben:

a) Quarzgehalt der kalkfreien Rohmehle (RFA)
b) $CaCO_3$-Gehalt der Rohmehle (Essigsäurebehandlung)
c) Fe_2O_3-Gehalt der Rohmehle (Rohmehlanalysen)
d) Glühverlust der Rohmehle (Rohmehlanalysen)

Gesucht:

Quarzgehalt der angelieferten Rohmehle.

1. Umrechnung des Fe_2O_3-Gehaltes der Analyse:

$$Fe_2O_{3\,(1)} = Fe_2O_{3\,\text{Anal.}} \cdot \left(\frac{100 - GV}{100}\right) \qquad [\text{mit GV}]$$

$$Fe_2O_{3\,(2)} = Fe_2O_{3\,(1)} \cdot \left(\frac{100}{100 - CaCO_3}\right) \qquad [\text{ohne } CaCO_3]$$

2. Korrektur:

$Fe_2O_{3\,(2)}$ → Korrekturfaktor (Tabelle)

$$Q_{korr} = \text{Korr.Faktor} \times \text{Quarzgehalt}_{(RFA)}$$

3. Umrechnung des korrigierten Quarzgehaltes auf den Anlieferungszustand der Rohmehle:

$$Quarz_{fak} = Q_{korr} \cdot \frac{100 - CaCO_3}{100} \quad [\%]$$

Aus den Werten ist zu erkennen, daß die Quarzgehalte sämtlicher Mehle zwischen 6 und 10 % liegen. Eine Ausnahme bildet Rohmehl L mit 13 %.

Die Berechnung der Quarzgehalte in den geglühten, freikalkfreien Brandproben erfolgte auf ähnliche Weise:

1. $$Fe_2O_{3(1)} = \frac{Fe_2O_{3(Anal.)}}{100-CaO_{frei}} \cdot 100 \quad [\%]$$

2. $Fe_2O_{3(1)} \rightarrow$ Korrekturfaktor (Tabelle)

$$Q_{korr} = Quarzgehalt_{(RFA)} \times korr.\ Faktor$$

3. $$Quarz_{tats.} = Q_{korr} \cdot \frac{100-CaO_{frei}}{100} \quad [\%]$$

Die errechneten Quarzgehalte sind der Tabelle 8 in Abschnitt 3.3.5 zu entnehmen.

Textanhang 2

Zur exakten Bestimmung der praktischen Brennbarkeit wurden die Kalkbindungskurven der Brennserie II und III, die hier nur verglichen werden können, mit Hilfe der logarithmischen Beziehung $c = c_o \cdot e^{-a \cdot t}$ linearisiert. Dadurch wird eine objektive graphische und mathematische Bestimmung der praktischen Brennbarkeit möglich. In der Beziehung bedeuten c der Freikalkgehalt in Prozent, der der Voraussetzung entsprechend gleich 2 gesetzt wird. c_o ist die Anfangsfreikalkkonzentration zur Temperzeit t = 0 min. Die im folgenden gezeigten Abbildungen sollen eine Übersicht über die Vorgangsweise bei der Ermittlung der Brennbarkeit geben.

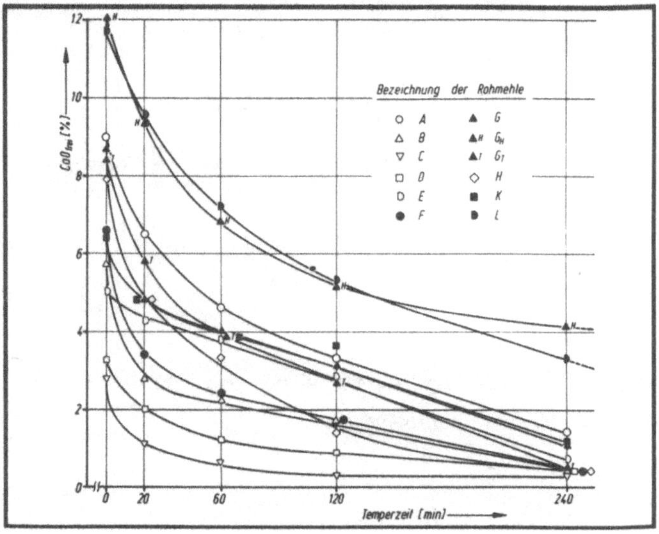

Abb. 1: Freikalkgehalt der Rohmehle in Abhängigkeit von der Temperzeit bei 1350° C Brenntemperatur (Kalkbindungsverlauf als Funktion: $c = c_o \cdot e^{-a \cdot t}$).

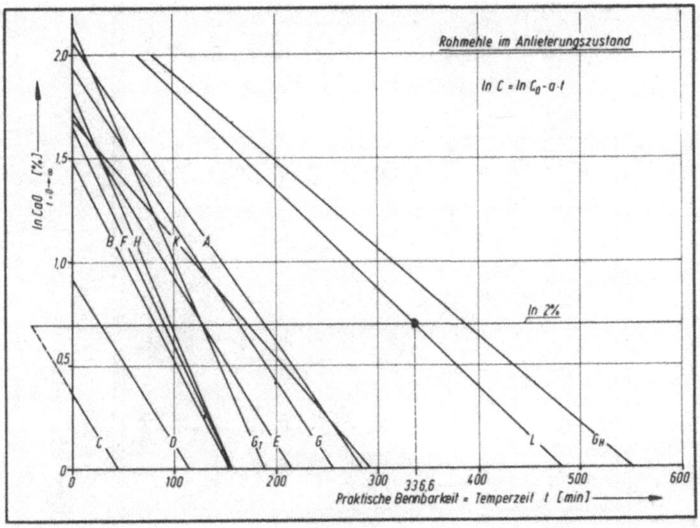

Abb. 2: Freikalkgehalt der Rohmehle in Abhängigkeit von der Temperzeit bei 1350° C Brenntemperatur. (Verlauf der Kalkbindung durch $\ln c = \ln c_o - a \cdot t$ linearisiert)

Kornklassen [µm]	A		BB		CC		D		E		F		G		G_H		G_T		H		K		L	
	[%]	Σ[%]	[%]	Σ[%]	[%]	Σ[%]	[%]	Σ[%]	[%]	Σ[%]	[%]	Σ[%]	[%]	Σ[%]	[%]	Σ[%]	[%]	Σ[%]	[%]	Σ[%]	[%]	Σ[%]	[%]	Σ[%]
0- 5	32,5	32,5	35,0	35,0	40,0	40,0	23,7	23,7	23,2	23,2	28,0	28,0	34,0	34,0	37,5	37,5	36,5	36,5	36,2	36,2	54,7	54,7	10,0	10,0
5- 10	13,5	46,0	13,5	48,5	15,5	55,5	12,3	36,0	9,6	32,8	15,0	43,0	12,0	46,0	11,4	48,9	11,3	47,8	14,0	50,2	12,0	66,7	9,5	19,5
10- 15	8,0	54,0	8,5	57,0	9,5	65,0	11,0	47,0	6,3	39,1	7,0	50,0	7,6	53,6	8,0	56,9	7,1	54,9	9,8	60,0	5,9	72,6	5,7	25,2
15- 20	6,0	60,0	6,0	63,0	6,4	71,4	7,2	54,2	6,0	45,1	9,6	59,6	4,8	58,4	3,9	60,8	5,0	59,9	5,7	65,7	5,1	77,7	4,8	30,0
20- 25	5,0	65,0	8,0	71,0	6,6	78,0	7,0	61,2	5,1	50,2	4,9	64,5	5,0	63,4	5,3	66,1	5,3	65,2	4,3	70,0	3,8	81,5	4,3	34,3
25- 40	11,2	76,2	10,5	81,5	8,0	86,0	9,9	71,1	12,5	62,7	9,0	73,5	10,1	73,5	7,4	73,5	9,2	74,4	10,5	80,5	5,1	86,6	10,7	45,0
40- 63	4,3	80,5	4,0	85,5	3,9	89,9	6,9	78,0	6,8	69,5	8,0	81,5	4,0	77,5	4,9	78,4	3,6	78,0	4,0	84,5	2,6	89,2	4,3	49,3
63- 90	9,0	89,5	7,2	92,7	5,7	95,6	8,2	86,2	10,5	80,0	12,5	94,0	9,7	87,2	10,2	88,6	8,3	86,3	7,5	92,0	4,5	93,7	13,7	63,0
90-125	4,5	94,0	3,6	96,3	2,4	98,0	6,7	92,9	6,8	86,8	3,5	97,5	5,4	92,6	5,4	94,0	3,9	90,2	4,5	96,5	2,2	95,9	12,0	75,0
125-200	4,3	98,3	3,0	99,3	1,7	99,7	5,1	98,0	7,1	93,9	2,2	99,7	5,6	98,2	4,2	98,2	4,8	95,0	2,9	99,4	2,4	98,3	16,5	91,5
200	1,7	100,0	0,7	100,0	0,3	100,0	2,0	100,0	6,1	100,0	0,3	100,0	0,9	100,0	0,8	100,0	2,0	100,0	0,6	100,0	1,7	100,0	7,5	100,0

Korngrößenverteilung der Rohmehle

ANLAGE 1

Komponenten	1	2	3	4	5	6	$\bar{x}_{1-6}$
Gl. V.	36,15	n. b.	n. b.	35,80		35,27	35,74
SiO_2	21,65	21,75	21,48	22,12		22,09	21,82
Al_2O_3	5,55	5,84	5,71	5,51		(6,22)	5,65
Fe_2O_3	2,65	2,63	2,65	2,55		2,63	2,62
MnO	n. b.	n. b.	0,07	0,12		n. b.	0,10
CaO	67,6	67,18	67,75	68,59		66,12	67,45
MgO	0,95	0,88	0,88	0,95		(1,53)	0,91
K_2O	1,00	n. b.	1,12	n. b.		0,85	0,99
Na_2O	0,30	n. b.	0,20	n. b.		0,12	0,21
SO_3	0,10	n. b.	0,14	0,22		0,17	0,16
Rest						0,20	0,20
Summe	99,80	99,81	100,00	100,06		99,93	100,11

Chemische Analysen des Rohmehles A

ANLAGE
2

Komponenten	1	2	3	4	5	6	$\bar{x}_{1-6}$
Gl. V.	35,95	n. b.	n. b.	35,53	35,36		35,56
SiO_2	20,90	20,81	20,70	20,55	20,73		20,74
Al_2O_3	5,50	5,65	5,88	5,29	(6,80)		5,58
Fe_2O_3	3,65	3,62	3,43	3,47	3,31		3,50
MnO	n. b.	n. b.	0,26	0,64	n. b.		0,45
CaO	66,50	65,78	66,08	65,12	66,01		65,90
MgO	1,45	1,37	1,31	1,47	1,39		1,40
K_2O	1,65	n. b.	1,61	n. b.	n. b.	1,50	1,59
Na_2O	0,20	n. b.	0,15	n. b.	n. b.	0,07	0,17
SO_3	(0,20)	n. b.	0,41	0,46	n. b.		0,43
Rest							
Summe	100,05	99,66	100,55	97,0	98,24		99,76

Chemische Analysen des Rohmehles B

ANLAGE
3

Kompo-nenten	1	2	3	4	5	6	$\bar{x}_{1-6}$
Gl. V.	36,20	n. b.	n. b.	36,04	35,82		36,10
SiO_2	21,90	22,18	21,80	21,96	22,05		21,98
Al_2O_3	5,35	5,63	5,62	5,21	5,88		5,54
Fe_2O_3	3,35	3,17	3,26	3,22	3,45		3,29
MnO	n. b.	n. b.	0,10	0,09	n. b.		0,10
CaO	66,50	66,32	66,18	66,20	67,14		66,47
MgO	1,15	1,13	1,10	1,25	1,15		1,16
K_2O	1,35	n. b.	1,30	n. b.	n. b.		1,34
Na_2O	0,20	n. b.	0,12	n. b.	n. b.		0,13
SO_3	0,10	n. b.	0,10	0,23	n. b.		0,15
Rest							
Summe	99,90	100,05	99,58	98,16	99,67		100,16

Chemische Analysen des Rohmehles C

ANLAGE
4

Komponenten	1	2	3	4	5	6	$\bar{x}_{1-6}$
Gl. V.	35,45	n. b.	n. b.	34,99	n. b.		35,23
SiO_2	20,60	20,52	20,31	20,46	20,82		20,54
Al_2O_3	5,80	6,09	6,31	5,67	(6,98)		6,17
Fe_2O_3	3,60	3,50	3,50	3,49	3,36		3,49
MnO	n. b.	n. b.	0,07	0,21	n. b.		0,14
CaO	64,70	64,03	64,69	63,77	64,87		64,41
MgO	2,45	2,04	2?o7	2,35	2,32		2,24
K_2O	1,95	n. b.	1,84	n. b.	n. b.		1,79
Na_2O	0,35	n. b.	0,27	n. b.	n. b.		0,29
SO_3	0,50	n. b.	0,79	0,71	n. b.		0,66
Rest							
Summe	99,95	99,15	99,85	96,66	98,35		99,73

Chemische Analysen des Rohmehls D

ANLAGE
5

Komponenten	1	2	3	4	5	6	$\bar{x}_{1-6}$
Gl. V.	35,70	n. b.	n. b.	34,77	34,90		35,12
SiO_2	23,95	23,91	23,93	24,25	23,52		23,91
Al_2O_3	3,75	4,12	3,81	3,66	4,24		3,92
Fe_2O_3	1,55	1,47	1,41	1,36	(2,04)		1,45
MnO	n. b.	n. b.	0,04	0,11	n. b.		0,08
CaO	66,75	68,35	68,68	68,45	69,28		68,30
MgO	0,60	0,61	0,69	0,64	(0,34)		0,65
K_2O	0,70	n. b.	0,86	n. b.	n. b.	0,71	0,76
Na_2O	0,35	n. b.	0,20	n. b.	n. b.	(0,11)	0,27
SO_3	0,10	n. b.	0,13	0,23	0,25		0,18
Rest							
Summe	97,75	99,69	99,75	98,70	99,67		99,52

Chemische Analysen des Rohmehls E

ANLAGE
6

Kompo-nenten	1	2	3	4	5	6	$\bar{x}_{1-6}$
Gl. V.	36,0	n. b.	n. b.	35,73			35,86
SiO_2	21,55	21,66	21,20	21,67			21,52
Al_2O_3	5,50	5,74	5,81	5,47			5,63
Fe_2O_3	2,20	2,06	2,08	2,04			2,10
MnO	n. b.	n. b.	0,04	0,09			0,07
CaO	65,45	65,26	65,71	65,11			65,38
MgO	2,75	2,42	2,45	2,80			2,60
K_2O	1,90	n. b.	1,86	n. b.		1,54	1,76
Na_2O	0,35	n. b.	0,24	n. b.		0,15	0,25
SO_3	0,40	n. b.	0,41	0,43			0,41
Rest							
Summe	100,10	99,69	99,80	97,61			99,72

Chemische Analysen des Rohmehls F

ANLAGE
7

Kompo-nenten	1	2	3	4	5	6	$\bar{x}_{1-6}$
Gl. V.	36,70	n. b.	n. b.	36,33	36,29		36,44
SiO_2	21,80	21,92	21,59	22,39	21,63		21,86
Al_2O_3	5,00	5,27	5,20	4,90	5,10		5,09
Fe_2O_3	2,50	2,40	2,45	2,39	2,56		2,46
MnO	n. b.	n. b.	0,11	(0,31)	n. b.		0,21
CaO	65,85	65,84	65,71	66,65	66,35		66,08
MgO	2,70	2,37	2,40	2,78	2,74		2,60
K_2O	1,30	n. b.	1,25	n. b.	(0,86)	1,10	1,22
Na_2O	0,30	n. b.	0,23	n. b.	0,15	0,12	0,23
SO_3	0,45	n. b.	0,65	0,66	(0,07)		0,58
Rest							
Summe	99,90	100,04	99,59	100,08	99,46		100,33

Chemische Analysen des Rohmehls G

ANLAGE
8

Kompo-nenten	1	2	3	4	5	6	$\bar{x}_{1-6}$
Gl. V.	36,70		n. b.		36,10		36,40
SiO_2	22,30		22,54		22,28		22,37
Al_2O_3	5,05		4,91		5,05		5,00
Fe_2O_3	2,50		2,44		2,42		2,45
MnO	n. b.		0,14		n. b.		0,14
CaO	65,40		65,37		65,85		65,54
MgO	2,70		2,47		2,64		2,60
K_2O	1,15		1,34		0,86		1,12
Na_2O	0,30		0,21		0,12		0,21
SO_3	0,40		0,62		(0,09)		0,51
Rest							
Summe	99,80		100,04		99,31		99,94

Chemische Analysen des Rohmehles G_{Tief}

ANLAGE
9

Kompo-nenten	1	2	3	4	5	6	$\bar{x}_{1-6}$
Gl. V.	37,05		n. b.		37,03		37,04
SiO_2	21,00		21,01		20,98		21,00
Al_2O_3	4,90		4,87		5,03		4,93
Fe_2O_3	2,40		2,43		2,39		2,41
MnO	n. b.		0,12		n. b.		0,12
CaO	66,85		66,89		67,58		67,10
MgO	2,85		2,49		2,21		2,52
K_2O	1,20		1,37		1,24		1,27
Na_2O	0,30		0,22		0,52		0,35
SO_3	0,50		0,63		(0,06)		0,56
Rest							
Summe	100,00		100,03		100,01		100,26

Chemische Analysen des Rohmehls G_{Hoch}

ANLAGE 10

Komponenten	1	2	3	4	5	6	$\bar{x}_{1-6}$
Gl. V.	36,30	n. b.	n. b.	36,13	35,93		36,12
SiO_2	22,50	22,66	22,50	22,64	22,35		22,53
Al_2O_3	4,95	5,23	5,04	4,80	4,94		4,99
Fe_2O_3	2,70	2,65	2,64	2,64	2,67		2,66
MnO	n. b.	n. b.	0,17	0,44	n. b.		0,30
CaO	66,30	66,54	66,40	67,81	66,69		66,75
MgO	2,00	1,56	1,61	1,75	1,25		1,63
K_2O	1,10	n. b.	0,98	n. b.	n. b.	0,91	0,99
Na_2O	0,20	n. b.	0,14	n. b.	n. b.	0,08	0,14
SO_3	0,10	n. b.	0,09	0,09	n. b.		0,09
Rest							
Summe	99,85	100,02	99,57	100,17	97,90		100,08

Chemische Analysen des Rohmehls H

ANLAGE 11

Kompo-nenten	1	2	3	4	5	6	$\bar{x}_{1-6}$
Gl. V.	34,80	n. b.	n. b.	34,64	34,71		34,72
SiO_2	22,60	22,02	21,97	22,27	22,13		22,20
Al_2O_3	5,55	6,10	5,94	5,61	5,56		5,75
Fe_2O_3	2,90	2,79	2,83	2,72	2,92		2,83
MnO	n. b.	n. b.	0,07	0,12	n. b.		0,10
CaO	66,20	65,67	66,65	66,49	(67,81)		66,26
MgO	1,05	0,92	0,85	0,92	(0,64)		0,93
K_2O	0,95	n. b.	0,96	n. b.	(0,30)	0,75	0,88
Na_2O	0,40	n. b.	0,27	n. b.	0,14	0,20	0,25
SO_3	(0,05)	n. b.	0,25	0,24	n. b.		0,24
Rest							
Summe	98,75	99,05	98,94	98,37	99,50		99,44

Chemische Analysen des Rohmehls K

ANLAGE
12

Kompo-nenten	1	2	3	4	5	6	$\bar{x}_{1-6}$
Gl. V.	35,30	n. b.	n. b.	35,34	n. b.		35,33
SiO_2	23,15	23,17	23,24	23,30	23,41		23,25
Al_2O_3	4,65	4,64	4,62	4,33	4,62		4,57
Fe_2O_3	2,85	2,76	2,78	2,77	2,69		2,77
MnO	n. b.	n. b.	0,06	0,09	n. b.		0,08
CaO	66,25	65,51	66,21	65,83	66,33		66,03
MgO	1,20	1,21	1,30	1,34	1,20		1,25
K_2O	0,90	n. b.	0,99	n. b.	(0,22)	0,74	0,88
Na_2O	0,30	n. b.	0,19	n. b.	n. b.	0,12	0,20
SO_3	0,15	n. b.	0,35	0,23	0,22		0,24
Rest							
Summe	99,45	98,88	99,74	97,89	98,69		99,27

Chemische Analysen des Rohmehls L

ANLAGE
13

Brenntemperatur: 1050° C

Probenbezeichnung	Probenlage	Rohdichte [g/cm³]	VOR DEM BRAND Rohdichte Mittelwert [g/cm³]	VOR DEM BRAND Standardabweichung s	NACH DEM BRAND Rohdichte [g/cm³]	NACH DEM BRAND Rohdichte Mittelwert [g/cm³]	NACH DEM BRAND Standardabweichung s
	o	1,816			1,248		
A	m	1,808	1,81	0,01	1,215	1,22	0,02
	u	1,808			1,205		
	o	1,865			1,07		
B	m	1,865	1,865	0,00	1,08	1,07	0,01
	u	1,865			1,07		
	o	1,830			1,182		
C	m	1,830	1,830	0,00	1,182	1,18	0,00
	u	1,838			1,182		
	o	1,870			1,135		
D	m	1,870	1,880	0,02	1,128	1,13	0,00
	u	1,899			1,128		
	o	1,925			1,132		
E	m	1,905	1,91	0,01	1,113	1,13	0,01
	u	1,905			1,140		
	o	1,775			1,110		
F	m	1,790	1,77	0,02	1,110	1,10	0,00
	u	1,751			1,102		
	o	1,774			1,077		
G	m	1,805	1,78	0,02	1,104	1,08	0,02
	u	1,770			1,068		
	o	1,830			1,125		
H	m	1,707	1,79	0,07	1,165	1,22	0,13
	u	1,842			1,368		
	o	1,638			1,178		
K	m	1,638	1,64	0,00	1,207	1,19	0,02
	u	1,640			1,170		
	o	1,838			1,265		
L	m	1,799	1,83	0,02	1,265	1,26	0,00
	u	1,838			1,268		

Probenlage: o = oben; m = Mitte, u = unten

Rohdichten der Prüfkörper vor und nach dem Brand

ANLAGE
14

Brenntemperatur: 1150° C

Probenbezeichnung	Probenlage	Rohdichte [g/cm³]	VOR DEM BRAND Rohdichte Mittelwert [g/cm³]	VOR DEM BRAND Stand.-abw. s	NACH DEM BRAND Rohdichte [g/cm³]	NACH DEM BRAND Rohdichte Mittelwert [g/cm³]	NACH DEM BRAND Stand.-abw. s
	o	1,855			1,355		
A	m	1,862	1,89	0,05	1,352	1,36	0,01
	u	1,950			1,380		
	o	1,985			1,134		
B	m	1,985	1,97	0,03	1,125	1,14	0,01
	u	1,940			1,150		
	o	1,862			1,310		
C	m	1,862	1,89	0,04	1,338	1,34	0,02
	u	1,940			1,360		
	o	1,924			1,130		
D	m	1,924	1,92	0,01	1,150	1,14	0,01
	u	1,910			1,145		
	o	1,958			1,212		
E	m	1,940	1,95	0,01	1,222	1,22	0,00
	u	1,940			1,212		
	o	1,870			1,162		
F	m	1,870	1,87	0,00	1,162	1,16	0,00
	u	1,865			1,154		
	o	1,855			1,185		
G	m	1,840	1,85	0,01	1,132	1,15	0,03
	u	1,840			1,145		
	o	1,870			1,495		
H	m	1,870	1,88	0,01	1,495	1,50	0,00
	u	1,888			1,498		
	o	1,720			1,360		
K	m	1,715	1,72	0,00	1,360	1,36	0,01
	u	1,715			1,372		
	o	1,855			1,388		
L	m	1,870	1,86	0,01	1,383	1,39	0,01
	u	1,855			1,410		
Probenlage: o = oben; m = Mitte; u = unten							

Rohdichten der Prüfkörper vor und nach dem Brand

ANLAGE
15

Brenntemperatur: 1250° C

Proben-bezeichnung	Proben-lage	Rohdichte [g/cm³]	VOR DEM BRAND Rohdichte Mittelwert [g/cm³]	Stand.-abw. s	NACH DEM BRAND Rohdichte [g/cm³]	Rohdichte Mittelwert [g/cm³]	Stand.-abw. s
A	o m u	1,838 1,838 1,838	1,84	0,00	1,530 1,520 1,560	1,54	0,02
B	o m u	1,854 1,873 1,873	1,87	0,01	1,234 1,277 1,309	1,27	0,04
C	o m u	1,854 1,854 1,906	1,87	0,03	- 1,53 1,56	1,55	0,02
D	o m u	1,926 1,913 1,906	1,92	0,01	1,334 1,343 1,312	1,33	0,02
E	o m u	1,950 1,906 1,942	1,93	0,02	1,317 - 1,377	1,35	0,04
F	o m u	1,819 1,800 1,800	1,81	0,01	1,247 - 1,261	1,25	0,00
G	o m u	1,743 1,800 1,80	1,78	0,03	- 1,304 1,331	1,32	0,02
H	o m u	1,800 1,867 1,883	1,85	0,04	- 1,653 1,711	1,68	0,04
K	o m u	1,660 1,647 1,630	1,65	0,01	1,420 - 1,456	1,44	0,02
L	o m u	1,854 1,838 1,800	1,83	0,03	1,541 1,559 1,504	1,53	0,03

Probenlage: o = oben; m = Mitte; u = unten

Rohdichten der Prüfkörper vor und nach dem Brand

ANLAGE 16

Brenntemperatur: 1350° C

Probenbezeichnung	Probenlage	VOR DEM BRAND Rohdichte [g/cm³]	Rohdichte Mittelwert [g/cm³]	Stand.-abw. s	NACH DEM BRAND Rohdichte [g/cm³]	Rohdichte Mittelwert [g/cm³]	Stand.-abw. s
	o	1,805			1,700		
A	m	1,791	1,82	0,04	1,678	1,71	0,03
	u	1,870			1,745		
	o	1,840			1,950		
B	m	1,840	1,84	0,00	2,039	1,98	0,05
	u	1,840			1,948		
	o	1,805			2,015		
C	m	1,805	1,80	0,00	2,080	2,06	0,04
	u	1,798			2,085		
	o	1,845			2,020		
D	m	1,813	1,83	0,02	2,080	2,05	0,03
	u	1,845			2,038		
	o	1,845			1,622		
E	m	1,863	1,86	0,01	1,610	1,62	0,01
	u	1,863			1,628		
	o	1,753			1,765		
F	m	1,712	1,73	0,02	1,786	1,76	0,03
	u	1,739			1,730		
	o	1,730			1,600		
G	m	1,745	1,74	0,01	1,577	1,58	0,02
	u	1,753			1,565		
	o	1,791			1,786		
H	m	1,791	1,80	0,01	1,825	1,82	0,03
	u	1,808			1,835		
	o	1,631			1,770		
K	m	1,627	1,62	0,01	1,810	1,78	0,03
	u	1,610			1,758		
	o	1,805			1,445		
L	m	1,805	1,81	0,00	1,488	1,46	0,02
	u	1,805			1,445		

Probenlage: o = oben; m = Mitte; u = unten

Rohdichten der Prüfkörper vor und nach dem Brand

ANLAGE
17

Brenntemperatur: 1450° C

Proben-bezeich-nung	Proben-lage	Roh-dichte [g/cm³]	VOR DEM BRAND Roh-dichte Mittel-wert [g/cm³]	Stand.-abw. s	NACH DEM BRAND Roh-dichte [g/cm³]	Roh-dichte Mittel-wert [g/cm³]	Stand.-abw. s
A	o m u	1,820 1,792 1,810	1,81	0,01	1,805 1,882 1,880	1,86	0,04
B	o m u	1,853 1,853 1,853	1,85	0,00	2,220 2,174 2,228	2,21	0,03
C	o m u	1,846 1,834 1,853	1,84	0,01	- 2,260 2,270	2,27	0,00
D	o m u	1,853 1,910 1,890	1,88	0,03	2,260 2,310 2,303	2,29	0,03
E	o m u	1,908 1,890 1,878	1,89	0,02	1,760 - 1,694	1,73	0,04
F	o m u	1,762 1,718 1,730	1,74	0,02	2,02 2,03 2,04	2,03	0,01
G	o m u	1,724 1,770 1,770	1,75	0,03	1,726 1,755 1,732	1,74	0,01
H	o m u	1,888 1,802 1,859	1,85	0,04	1,950 1,970 1,970	1,96	0,01
K	o m u	1,660 1,686 1,657	1,67	0,02	1,872 1,885 1,917	1,89	0,02
L	o m u	1,812 1,830 1,830	1,82	0,01	1,540 1,523 1,543	1,54	0,01

Probenlage: o = oben; m = Mitte; u = unten

Rohdichten der Prüfkörper vor und nach dem Brand

ANLAGE
18

Proben-bezeichnung	Proben-lage	1250°C β_D [kp/cm²]	1250°C β_D Mittel [kp/cm²]	1250°C Stand. Abw. S	1350°C β_D [kp/cm²]	1350°C β_D Mittel [kp/cm²]	1350°C Stand Abw. S	1450°C β_D [kp/cm²]	1450°C β_D Mittel [kp/cm²]	1450°C Stand Abw. S
A	o m u	120 165 249	178	53,46	212 296 446	318	96,78	112 298 544	318	176,93
B	o m u	60 60 84	68	11,31	500 605 560	555	43,01	502 628 679	603	74,39
C	o m u	246 280 323	283	31,5	490 521 762	591	121,57	956 814 921	897	60,40
D	o m u	85 90 110	95	10,8	540 493 626	553	55,07	700 814 790	768	49,07
E	o m u	140 130 54	108	38,4	281 281 296	286	7,07	176 193 345	238	75,98
F	o m u	95 48 27	57	28,43	412 426 479	439	28,85	312 322 404	346	41,21
G	o m u	63 115 101	93	21,97	122 286 348	252	95,34	112 114 269	165	73,54
H	o m u	200 261 260	240	28,52	481 473 555	503	36,91	440 425 494	453	29,63
K	o m u	103 88 145	112	24,12	126 348 405	293	120,36	276 314 328	306	21,97
L	o m u	68 32 58	52	15,17	120 130 128	126	4,32	98 101 126	108	12,55

Kleinprüfkörperdruckfestigkeiten der gebrannten Rohmehle

ANLAGE 19

Brenn-temperatur	FREIKALKGEHALT DER KLINKER [%]									
	A	B	C	D	E	F	G	H	K	L
[°C]			26,8	32,8	27,8	38,0	36,6	43,6	45,6	53,8
	44,0	34,1	29,3	33,0	27,8		35,6	43,3	46,1	52,6
1050	44,6	34,2	28,3	33,1	27,2	38,0	34,8	43,2	45,5	53,0
	45,0	34,3	27,9	33,3	27,4	38,5	35,2	43,3	46,0	53,1
	45,1	34,4	28,3		27,2	37,6			45,5	53,1
		34,3	27,9							
	39,0	26,9	22,1	24,8	21,7	29,2	29,2	35,5	37,5	47,0
	39,3	27,1	23,0	25,0	22,0	30,1	28,9	35,7	37,7	47,7
1150	39,0	27,1	22,9	24,9	21,7	29,2	29,0	35,5	37,7	47,8
	39,3		22,9	24,9	21,8	29,2	29,0	35,6	37,5	48,1
			22,6			29,2				48,4
			22,8			29,5				
	25,0	17,9	14,4	17,6	16,8	19,7	19,0	27,2	24,4	39,6
	25,0	18,2	14,8	17,5	17,2	19,6	19,0	27,1	24,1	38,1
	25,0	18,1	14,2	17,5	17,1	19,4	19,0	27,2	24,2	38,4
1250		17,9	14,9	17,5	16,9	19,8			24,4	38,8
			15,0			19,6				38,4
						19,8				38,5
	6,6	2,7	1,0	2,1	4,3	3,3	4,7	2,8	3,4	8,2
	6,4	2,8	1,0	1,9	4,2	3,4	4,9	3,0	3,6	8,3
1350	6,5	2,8	1,1	2,2	4,3	3,4	4,7	3,0	3,6	7,9
	6,4		1,1	1,9	4,3	3,5	4,8	2,9	3,5	8,7
										8,2
	3,2	0,9	0,5	0,7	2,6	1,4	3,6	1,4	2,3	5,0
1450	3,0	1,1	0,4	0,7	2,8	1,4	3,3	1,5	2,6	5,2
	3,1	1,1	0,4	0,7	2,8	1,6	3,9	1,5	2,5	5,0
	3,1	0,9			2,7	1,5	3,6		2,4	5,1

Freikalkgehalt der bei verschiedenen Temperaturen gebrannten Rohmehle

ANLAGE 20

Brenn-temperatur [°C]	Natrium- und Kaliumoxidgehalt [%]									
	A	B	C	D	E	F	G	H	K	L
	Na_2O [%]									
20	0,12	0,08	0,08	0,17	0,11	0,16	0,13	0,08	0,20	0,12
1050	0,07	0,06	0,06	0,11	0,06	0,10	0,08	0,05	0,16	0,09
1150	0,08	0,06	0,05	0,14	0,08	0,10	0,08	0,05	0,12	0,08
1250	0,10	0,04	0,05	0,12	0,07	0,08	0,07	0,05	0,12	0,08
1350	0,06	0,04	0,05	0,09	0,06	0,08	0,07	0,04	0,11	0,08
1450	0,06	0,04	0,04	0,09	0,04	0,07	0,07	0,04	0,08	0,07
	K_2O [%]									
20	0,86	1,51	1,37	1,58	0,70	1,54	1,10	0,91	0,75	0,74
1050	0,73	1,21	1,00	1,42	0,58	1,31	0,92	0,82	0,63	0,73
1150	0,68	1,12	0,92	1,39	0,57	1,17	0,80	0,77	0,58	0,66
1250	0,64	0,89	0,74	1,17	0,32	1,01	0,80	0,63	0,50	0,63
1350	0,28	0,34	0,31	0,67	0,18	0,48	0,57	0,27	0,30	0,36
1450	0,12	0,16	0,16	0,42	0,09	0,15	0,20	0,17	0,16	0,13

Natrium- und Kaliumoxidgehalt der bei verschiedenen Temperaturen gebrannten Rohmehle

ANLAGE 21

Brenn-temperatur [°C]	GESAMTALKALIGEHALT [%]									
	A	B	C	D	E	F	G	H	K	L
20	0,98	1,59	1,45	1,75	0,81	1,70	1,23	0,99	0,95	0,86
1050	0,80	1,27	1,06	1,53	0,64	1,41	1,00	0,87	0,79	0,82
1150	0,76	1,18	0,97	1,53	0,65	1,27	0,88	0,82	0,70	0,74
1250	0,74	0,93	0,79	1,29	0,39	1,09	0,87	0,68	0,62	0,71
1350	0,34	0,38	0,36	0,58	0,24	0,56	0,64	0,31	0,41	0,34
1450	0,18	0,20	0,20	0,51	0,13	0,22	0,27	0,21	0,24	0,20

Gesamtalkaligehalt der bei verschiedenen Temperaturen gebrannten Rohmehle

ANLAGE
22

Brenntemperatur: 1350° C
Temperzeit: 0 min

Proben-bezeich-nung	Proben-lage	VOR DEM BRAND		NACH DEM BRAND		
		Roh-dichte [g/cm^3]	Roh-dichte Mittel-wert [g/cm^3]	Roh-dichte [g/cm^3]	Roh-dichte Mittel-wert [g/cm^3]	Änderung der Roh-dichte [%]
A	o u	1,80 2,06	1,93	1,62 1,80	1,71	- 11,5
B	o u	1,90 1,89	1,90	1,83 1,81	1,82	- 4,3
C	o u	1,85 1,84	1,85	1,89 1,92	1,91	+ 3,0
D	o u	1,92 1,90	1,91	1,91 1,98	1,95	+ 2,0
E	o u	1,90 1,91	1,91	1,60 1,60	1,60	- 16,3
F	o u	1,74 1,71	1,73	1,60 1,62	1,61	- 7,0
G	o u	1,84 1,83	1,84	1,53 1,54	1,54	- 16,5
G_H	o u	1,77 1,77	1,77	1,55 1,57	1,56	- 12,0
G_T	o u	1,79 1,79	1,79	1,53 1,52	1,53	- 14,7
H	o u	1,85 1,86	1,86	1,77 1,79	1,78	- 4,3
K	o u	1,70 1,73	1,72	1,73 1,76	1,75	+ 1,5
L	o u	1,85 1,85	1,85	1,70 1,50	1,60	- 13,6

Rohdichte der Prüfkörper vor und nach dem Brand

ANLAGE
23

Brenntemperatur: 1350° C
Temperzeit: 60 min

Probenbezeichnung	Probenlage	VOR DEM BRAND Rohdichte [g/cm³]	VOR DEM BRAND Rohdichte Mittelwert [g/cm³]	NACH DEM BRAND Rohdichte [g/cm³]	NACH DEM BRAND Rohdichte Mittelwert [g/cm³]	NACH DEM BRAND Änderung der Rohdichte [%]
A	o u	1,86 1,88	1,87	1,63 1,65	1,64	- 12,3
B	o u	1,97 1,85	1,91	1,91 1,92	1,92	+ 0,5
C	o u	1,84 1,79	1,83	2,00 2,09	2,04	+ 11,2
D	o u	1,93 1,91	1,92	2,00 1,99	2,00	+ 4,1
E	o u	1,90 1,90	1,90	1,60 1,60	1,60	- 15,9
F	o u	1,72 1,77	1,75	1,68 1,67	1,68	- 4,0
G	o u	1,83 1,83	1,83	1,53 1,53	1,53	- 16,6
G_H	o u	1,77 1,78	1,78	1,57 1,57	1,57	- 12,0
G_T	o u	1,78 1,77	1,78	1,51 1,53	1,52	- 14,8
H	o u	1,85 1,86	1,86	1,77 1,76	1,77	- 5,0
K	o u	1,69 1,66	1,68	1,84 1,83	1,84	+ 9,3
L	o u	1,83 1,79	1,81	1,45 1,44	1,45	- 20,0

Rohdichte der Prüfkörper vor und nach dem Brand

ANLAGE
24

Brenntemperatur: 1350° C
Temperzeit: 120 min

Proben-bezeich-nung	Proben-lage	VOR DEM BRAND		NACH DEM BRAND		
		Roh-dichte [g/cm³]	Roh-dichte Mittel-wert [g/cm³]	Roh-dichte [g/cm³]	Roh-dichte [g/cm³]	Änderung der Roh-dichte [%]
A	o u	1,86 1,86	1,86	1,69 1,67	1,68	- 9,7
B	o u	1,85 1,84	1,85	2,31 2,33	2,32	+ 25,2
C	o u	1,86 1,86	1,86	2,07 2,14	2,11	+ 13,4
D	o u	1,90 1,91	1,91	2,03 2,17	2,10	+ 10,0
E	o u	1,91 1,93	1,92	1,62 1,62	1,62	- 15,7
F	o u	1,78 1,79	1,79	1,71 1,74	1,73	- 3,4
G	o u	1,84 1,78	1,81	1,51 1,52	1,52	- 16,1
G_H	o u	1,80 1,78	1,79	1,54 1,55	1,55	- 13,5
G_T	o u	2,47 2,47	2,47	1,57 1,55	1,56	- 36,8
H	o u	1,87 1,87	1,87	1,76 1,77	1,77	- 5,5
K	o u	1,68 1,68	1,68	1,86 1,81	1,84	+ 9,3
L	o u	1,84 1,85	1,85	1,45 1,42	1,44	- 22,3

Rohdichte der Prüfkörper vor und nach dem Brand

ANLAGE
25

Brenntemperatur: 1350° C
Temperzeit: 240 min

Proben-bezeichnung	Proben-lage	VOR DEM BRAND		NACH DEM BRAND		
		Roh-dichte [g/cm³]	Roh-dichte Mittel-wert [g/cm³]	Roh-dichte [g/cm³]	Roh-dichte Mittel-wert [g/cm³]	Änderung der Roh-dichte [%]
A	o u	1,92 1,91	1,92	1,87 1,82	1,85	- 3,8
B	o u	1,93 1,90	1,92	2,11 2,17	2,14	+ 11,2
C	o u	1,91 1,90	1,91	2,30 2,28	2,29	+ 19,9
D	o u	1,96 1,95	1,96	2,14 2,08	2,11	+ 7,8
E	o u	2,00 1,96	1,98	1,69 1,75	1,72	- 13,2
F	o u	1,86 1,83	1,85	1,88 1,85	1,87	+ 0,9
G	o u	1,83 1,82	1,83	1,60 1,56	1,58	- 13,7
G_H	o u	1,82 1,78	1,80	1,61 1,57	1,59	- 11,8
G_T	o u	1,82 1,82	1,82	1,58 1,54	1,56	- 14,3
H	o u	1,80 1,80	1,80	1,85 1,91	1,88	+ 4,3
K	o u	1,68 1,63	1,66	1,84 1,91	1,88	+ 13,2
L	o u	1,94 1,95	1,95	1,47 1,46	1,47	- 24,7

Rohdichte der Prüfkörper vor und nach dem Brand

ANLAGE
26

Temperzeit [min]	FREIKALKGEHALT [%]											
	A	B	C	D	E	F	G	G_H	G_T	H	K	L
0	8,7	5,1	2,6	3,0	4,9	6,6	9,1	12,1	8,3	8,0	6,5	11,3
	9,2	6,0	3,1	3,3	5,2	6,7	9,3	11,9	8,5	8,5	6,1	12,0
	9,1	5,9	2,8	3,5	5,0	6,5	7,6	12,2	8,5	7,1	6,5	11,9
	$\bar{x}$=9,0	5,7	2,8	3,3	5,0	6,6	8,7	12,1	8,4	7,9	6,4	11,7
60	4,4	2,2	0,6	1,2	3,6	2,4	4,2	5,9	3,9	3,6	4,0	7,6
	4,8	2,2	0,6	1,2	3,7	2,4	4,0	7,3	3,8	3,4	3,6	6,8
	4,5	2,3	0,6	1,2	3,8	2,3	3,7	7,3	3,7	2,9	3,8	7,1
	$\bar{x}$=4,6	2,2	0,6	1,2	3,7	2,4	4,0	6,8	3,8	3,3	3,8	7,2
120	3,4	2,0	0,3	0,7	3,0	1,8	3,1	5,3	2,8	1,5	3,7	5,2
	3,3	1,6	0,3	1,2	2,7	1,7	3,1	5,4	2,7	1,4	3,7	5,3
	3,3	1,6	0,3	0,9	2,8	1,5	3,0	5,0	2,7	1,4	3,5	5,4
	$\bar{x}$=3,3	1,7	0,3	0,9	2,8	1,7	3,1	5,2	2,7	1,4	3,6	5,3
240	1,5	0,4	0,2	0,3	0,6	0,5	1,1	3,9	0,5	0,4	1,2	3,2
	1,3	0,4	0,3	0,5	0,6	0,4	1,1	4,0	0,5	0,3	1,1	3,5
	1,4	0,4	0,3	0,3	0,9	0,4	1,2	4,3	0,5	0,4	1,3	3,3
	$\bar{x}$=1,4	0,4	0,3	0,4	0,7	0,4	1,1	4,1	0,5	0,4	1,2	3,3

Freikalkgehalt der gebrannten Rohmehle in Abhängigkeit von der Temperzeit

ANLAGE 27

Brenntemperatur: 1350° C
Temperzeit: 0 min
Rohmehlfeinheit: < 90 µm

Proben-bezeichnung	Proben-lage	VOR DEM BRAND		NACH DEM BRAND		
		Roh-dichte [g/cm³]	Roh-dichte Mittel-wert [g/cm³]	Roh-dichte [g/cm³]	Roh-dichte Mittel-wert [g/cm³]	Änderung der Roh-dichte [%]
A	o u	1,76 1,76	1,76	1,77 1,78	1,78	+ 1,0
B	o u	1,79 1,81	1,80	1,94 1,97	1,96	+ 8,8
C	o u	1,82 1,79	1,81	2,10 2,10	2,10	+ 16,0
D	o u	1,77 1,77	1,77	2,08 2,06	2,07	+ 16,7
E	o u	1,76 1,77	1,77	1,63 1,61	1,62	- 8,5
F	o u	1,70 1,70	1,70	1,79 1,80	1,80	+ 5,8
G	o u	1,67 1,69	1,68	1,69 1,70	1,70	+ 1,0
G_H	o u	1,72 1,71	1,72	1,63 1,63	1,63	- 5,3
G_T	o u	1,67 1,69	1,68	1,65 1,66	1,66	- 1,3
H	o u	1,76 1,71	1,74	1,94 1,89	1,92	+ 10,2
K	o u	1,62 1,60	1,61	1,95 1,88	1,92	+ 19,1
L	o u	1,71 1,71	1,71	1,64 1,64	1,64	- 4,2

Rohdichte der Prüfkörper vor und nach dem Brand

ANLAGE
28

Brenntemperatur: 1350° C
Temperzeit: 20 min
Rohmehlfeinheit: < 90 µm

Proben-bezeichnung	Proben-lage	VOR DEM BRAND		NACH DEM BRAND		
		Rohdichte [g/cm^3]	Rohdichte Mittelwert [g/cm^3]	Rohdichte [g/cm^3]	Rohdichte Mittelwert [g/cm^3]	Änderung der Rohdichte [%]
A	o u	1,78 1,76	1,77	1,83 1,87	1,85	+ 4,3
B	o u	1,81 1,82	1,82	1,97 2,03	2,00	+ 10,0
C	o u	1,79 1,78	1,79	2,13 2,14	2,14	+ 19,2
D	o u	1,77 1,76	1,77	2,06 2,11	2,09	+ 17,8
E	o u	1,76 1,76	1,76	1,61 1,62	1,62	- 8,0
F	o u	1,70 1,71	1,71	1,88 1,93	1,91	+ 11,6
G	o u	1,67 1,68	1,68	1,73 1,73	1,73	+ 2,8
G_H	o u	1,68 1,67	1,68	1,68 1,65	1,67	- 0,7
G_T	o u	1,65 1,70	1,68	1,59 1,62	1,61	- 4,2
H	o u	1,72 1,72	1,72	1,99 1,93	1,96	+ 14,0
K	o u	1,61 1,59	1,60	1,88 2,00	1,94	+ 21,2
L	o u	1,70 1,70	1,70	1,62 1,66	1,64	- 3,7

Rohdichte der Prüfkörper vor und nach dem Brand

ANLAGE
29

Brenntemperatur: 1350° C
Temperzeit: 60 min
Rohmehlfeinheit: < 90 µm

Proben-bezeichnung	Proben-lage	VOR DEM BRAND		NACH DEM BRAND		
		Rohdichte [g/cm^3]	Rohdichte Mittelwert [g/cm^3]	Rohdichte [g/cm^3]	Rohdichte Mittelwert [g/cm^3]	Änderung der Rohdichte [%]
A	o u	1,73 1,76	1,75	1,96 1,94	1,95	+ 11,2
B	o u	1,82 1,80	1,81	2,24 2,22	2,23	+ 23,3
C	o u	1,79 1,78	1,79	2,33 2,41	2,37	+ 32,3
D	o u	1,72 1,76	1,74	2,33 2,32	2,33	+ 34,0
E	o u	1,76 1,75	1,76	1,74 1,74	1,74	- 1,2
F	o u	1,71 1,71	1,71	2,08 2,06	2,07	+ 20,8
G	o u	1,63 1,68	1,66	1,87 1,91	1,89	+ 13,8
G_H	o u	1,71 1,67	1,69	1,78 1,81	1,80	+ 6,5
G_T	o u	1,70 1,71	1,71	1,71 1,73	1,72	+ 0,6
H	o u	1,74 1,71	1,73	2,03 2,06	2,05	+ 18,4
K	o u	1,59 1,59	1,59	2,05 2,05	2,05	+ 28,9
L	o u	1,71 1,70	1,71	1,74 1,72	1,73	+ 1,0

Rohdichte der Prüfkörper vor und nach dem Brand

ANLAGE
30

Brenntemperatur: 1350° C
Temperzeit: 0 min
Rohmehlfeinheit: < 63 µm

Proben-bezeich-nung	Proben-lage	VOR DEM BRAND		NACH DEM BRAND		
		Roh-dichte [g/cm³]	Roh-dichte Mittel-wert [g/cm³]	Roh-dichte [g/cm³]	Roh-dichte Mittel-wert [g/cm³]	Änderung der Roh-dichte [%]
A	o u	1,62 1,66	1,64	1,74 1,71	1,73	+ 5,3
B	o u	1,80 1,80	1,80	1,84 1,86	1,85	+ 2,7
C	o u	1,80 1,81	1,81	1,97 1,95	1,96	+ 8,3
D	o u	1,78 1,78	1,78	1,95 1,97	1,96	+ 10,0
E	o u	1,76 1,79	1,78	1,63 1,62	1,63	- 8,6
F	o u	1,76 1,81	1,79	- 1,71	1,71	- 4,5
G	o u	1,71 1,73	1,72	1,63 1,68	1,66	- 3,6
G_H	o u	1,74 1,76	1,75	1,63 1,65	1,64	- 6,3
G_T	o u	1,73 1,76	1,75	1,72 1,72	1,72	- 1,8
H	o u	1,75 1,75	1,75	1,92 1,92	1,92	+ 9,5
K	o u	1,61 1,62	1,62	1,82 1,88	1,85	+ 14,1
L	o u	1,72 1,73	1,73	1,64 1,65	1,65	- 4,8

Rohdichte der Prüfkörper vor und nach dem Brand

ANLAGE
31

Brenntemperatur: 1350° C
Temperzeit: 20 min
Rohmehlfeinheit: < 63 μm

Proben-bezeichnung	Proben-lage	VOR DEM BRAND		NACH DEM BRAND		
		Roh-dichte [g/cm³]	Roh-dichte Mittel-wert [g/cm³]	Roh-dichte [g/cm³]	Roh-dichte Mittel-wert [g/cm³]	Änderung der Roh-dichte [%]
A	o u	1,56 1,69	1,63	1,78 1,76	1,77	+ 8,6
B	o u	1,81 1,83	1,82	1,95 2,00	1,98	+ 8,7
C	o u	1,78 1,82	1,80	2,07 2,07	2,07	+ 14,6
D	o u	1,78 1,78	1,78	- 2,06	2,06	+ 15,8
E	o u	1,84 1,78	1,81	1,64 1,61	1,63	- 10,0
F	o u	1,79 1,80	1,80	1,71 1,85	1,78	- 1,2
G	o u	1,71 1,71	1,71	1,63 1,70	1,67	- 2,3
G_H	o u	1,76 1,73	1,75	1,73 1,77	1,75	± 0
G_T	o u	1,73 1,70	1,72	1,80 1,79	1,80	+ 4,6
H	o u	1,76 1,77	1,77	1,99 1,98	1,99	+ 12,3
K	o u	1,66 1,62	1,64	1,94 1,97	1,96	+ 19,4
L	o u	1,73 1,74	1,74	1,64 1,71	1,68	- 3,5

Rohdichte der Prüfkörper vor und nach dem Brand

ANLAGE
32

Brenntemperatur: 1350° C
Temperzeit: 60 min
Rohmehlfeinheit: < 63 µm

Proben-bezeichnung	Probenlage	VOR DEM BRAND		NACH DEM BRAND		
		Rohdichte [g/cm³]	Rohdichte Mittelwert [g/cm³]	Rohdichte [g/cm³]	Rohdichte Mittelwert [g/cm³]	Änderung der Rohdichte [%]
A	o u	1,72 1,72	1,72	1,90 1,93	1,92	+ 11,4
B	o u	1,80 1,83	1,82	2,29 2,27	2,28	+ 25,3
C	o u	1,82 1,80	1,81	2,20 2,26	2,24	+ 23,6
D	o u	1,77 1,79	1,78	2,22 2,27	2,25	+ 26,5
E	o u	1,79 1,79	1,79	1,65 1,68	1,67	- 6,8
F	o u	1,79 1,81	1,80	- -	-	-
G	o u	1,73 1,79	1,76	1,72 1,75	1,74	- 1,3
G_H	o u	1,73 1,70	1,72	1,80 1,70	1,75	+ 1,7
G_T	o u	1,75 1,75	1,75	1,87 1,89	1,88	+ 7,2
H	o u	1,77 1,79	1,78	2,10 2,24	2,17	+ 21,7
K	o u	1,67 1,63	1,65	1,84 2,15	2,00	+ 21,2
L	o u	1,72 1,74	1,73	1,73 1,74	1,74	+ 0,5

Rohdichte der Prüfkörper vor und nach dem Brand

ANLAGE
33

Brenntemperatur: 1350° C
Temperzeit: 0 min
Rohmehlfeinheit: < 40 µm

Proben-bezeichnung	Proben-lage	VOR DEM BRAND		NACH DEM BRAND		
		Roh-dichte [g/cm³]	Roh-dichte Mittel-wert [g/cm³]	Roh-dichte [g/cm³]	Roh-dichte Mittel-wert [g/cm³]	Änderung der Roh-dichte [%]
A	o u	1,80 1,70	1,75	1,75 1,81	1,78	+ 1,5
B	o u	1,76 1,76	1,76	1,85 1,88	1,87	+ 6,4
C	o u	1,69 1,69	1,69	2,02 2,09	2,06	+ 22,0
D	o u	1,71 1,72	1,72	2,06 2,03	2,05	+ 19,2
E	o u	1,72 1,76	1,74	1,60 1,59	1,60	- 8,0
F	o u	1,65 1,67	1,66	1,73 1,78	1,76	+ 6,0
G	o u	1,66 1,65	1,66	1,73 1,74	1,74	+ 4,7
G_H	o u	1,60 1,62	1,61	1,72 1,74	1,73	+ 7,3
G_T	o u	1,63 1,63	1,63	1,74 1,74	1,74	+ 6,7
H	o u	1,65 1,67	1,66	2,06 2,03	2,05	+ 23,4
K	o u	1,60 1,60	1,60	2,00 1,91	1,96	+ 22,4
L	o u	1,61 1,61	1,61	1,84 1,85	1,85	+ 14,8

Rohdichte der Prüfkörper vor und nach dem Brand

ANLAGE
34

Brenntemperatur: 1350° C
Temperzeit: 20 min
Rohmehlfeinheit: < 40 µm

Proben-bezeichnung	Probenlage	VOR DEM BRAND Rohdichte [g/cm³]	VOR DEM BRAND Rohdichte Mittelwert [g/cm³]	NACH DEM BRAND Rohdichte [g/cm³]	NACH DEM BRAND Rohdichte Mittelwert [g/cm³]	Änderung der Rohdichte [%]
A	o u	1,70 1,70	1,70	1,87 1,91	1,89	+ 11,0
B	o u	1,76 1,71	1,74	2,01 2,11	2,06	+ 18,4
C	o u	1,72 1,72	1,72	2,06 2,20	2,13	+ 24,0
D	o u	1,68 1,70	1,69	2,10 2,22	2,16	+ 28,0
E	o u	1,75 1,79	1,77	1,62 1,66	1,64	- 7,5
F	o u	1,71 1,67	1,69	1,87 1,95	1,91	+ 13,0
G	o u	1,72 1,70	1,71	1,78 1,86	1,82	+ 6,3
G_H	o u	1,62 1,68	1,65	1,79 1,86	1,83	+ 10,7
G_T	o u	1,66 1,62	1,64	1,77 1,86	1,82	+ 10,7
H	o u	1,73 1,64	1,69	2,12 2,17	2,15	+ 27,2
K	o u	- -	-	- -	-	-
L	o u	1,68 1,57	1,63	1,95 1,88	1,92	+ 17,7

Rohdichte der Prüfkörper vor und nach dem Brand

ANLAGE
35

Brenntemperatur: 1350° C
Temperzeit: 60 min
Rohmehlfeinheit: < 40 µm

Proben-bezeichnung	Proben-lage	VOR DEM BRAND Rohdichte [g/cm³]	VOR DEM BRAND Rohdichte Mittelwert [g/cm³]	NACH DEM BRAND Rohdichte [g/cm³]	NACH DEM BRAND Rohdichte Mittelwert [g/cm³]	Änderung der Rohdichte [%]
A	o u	1,79 1,67	1,73	2,00 2,01	2,01	+ 16,3
B	o u	1,72 1,72	1,72	2,15 2,18	2,17	+ 26,0
C	o u	1,71 1,71	1,71	2,30 2,28	2,29	+ 33,5
D	o u	1,71 1,74	1,73	2,22 2,28	2,25	+ 30,0
E	o u	1,78 1,80	1,79	1,71 1,68	1,70	- 5,0
F	o u	1,70 1,68	1,69	2,11 2,03	2,07	+ 22,1
G	o u	1,63 1,63	1,63	1,84 1,88	1,86	+ 14,0
G_H	o u	1,60 1,60	1,60	1,66 1,95	1,81	+ 13,0
G_T	o u	1,60 1,66	1,63	1,82 1,92	1,87	+ 14,6
H	o u	1,72 1,71	1,72	2,31 2,25	2,28	+ 32,7
K	o u	1,64 1,63	1,64	2,30 2,13	2,21	+ 34,8
L	o u	1,68 1,67	1,68	1,92 1,99	1,96	+ 16,6

Rohdichte der Prüfkörper vor und nach dem Brand

ANLAGE
36

ROHMEHLFEINHEIT: < 90 µm

Probenbez.	Probenlage	$t_{Temp.}$ = 0 min		$t_{Temp.}$ ≙ 20 min		$t_{Temp.}$ = 60 min	
		β_D [kp/cm²]	β_{D_M} [kp/cm²]	β_D [kp/cm²]	β_{D_M} [kp/cm²]	β_D [kp/cm²]	β_{D_M} [kp/cm²]
A	o u	344 440	392	392 -	392	353 663	508
B	o u	470 235	353	533 395	464	799 782	791
C	o u	574 663	619	618 556	587	836 1069	953
D	o u	548 576	562	516 603	559	788 833	811
E	o u	275 220	248	293 344	319	344 411	378
F	o u	- 447	447	367 -	367	662 737	699
G	o u	247 325	286	238 358	298	339 404	372
G_H	o u	247 305	276	247 212	229	304 221	263
G_T	o u	216 305	261	267 369	318	265 305	285
H	o u	522 580	551	533 578	556	589 677	633
K	o u	508 346	427	375 632	504	691 430	561
L	o u	325 387	356	280 318	298	344 291	318

Kleinprüfkörperdruckfestigkeit der unterschiedlich getemperten Klinker

ANLAGE 37

ROHMEHLFEINHEIT: < 63 µm

Proben-bez.	Proben-lage	$t_{Temp.}$ = 0 min		$t_{Temp.}$ ≙ 20 min		$t_{Temp.}$ = 60 min	
		β_D [kp/cm²]	β_{D_M} [kp/cm²]	β_D [kp/cm²]	β_{D_M} [kp/cm²]	β_D [kp/cm²]	β_{D_M} [kp/cm²]
A	o u	400 -	400	260 -	260	425 420	423
B	o u	335 -	335	390 370	380	690 785	738
C	o u	450 380	415	485 400	443	615 560	588
D	o u	- 420	420	- -	-	405 370	388
E	o u	320 310	315	350 360	355	310 450	380
F	o u	- -	-	- -	-	- -	-
G	o u	- 240	240	175 155	165	245 195	220
G_H	o u	220 195	208	215 215	215	220 185	203
G_T	o u	320 335	328	390 245	318	450 225	338
H	o u	310 340	325	480 405	443	510 470	490
K	o u	350 450	400	440 360	400	405 435	420
L	o u	230 220	225	255 270	263	295 295	295

Kleinprüfkörperdruckfestigkeit der unterschiedlich getemperten Klinker

ANLAGE 38

ROHMEHLFEINHEIT: < 40 µm

Proben-bez.	Proben-lage	$t_{Temp.}$ = 0 min		$t_{Temp.}$ = 20 min		$t_{Temp.}$ = 60 min	
		β_D [kp/cm²]	β_{D_M} [kp/cm²]	β_D [kp/cm²]	β_{D_M} [kp/cm²]	β_D [kp/cm²]	β_{D_M} [kp/cm²]
A	o u	153 208	181	395 437	416	- 515	515
B	o u	305 167	236	597 188	393	597 510	554
C	o u	270 210	240	498 678	563	597 597	597
D	o u	550 203	377	430 246	338	547 532	540
E	o u	188 290	239	291 266	279	260 235	248
F	o u	310 257	284	296 450	373	522 280	401
G	o u	284 365	325	305 352	329	290 304	297
G_H	o u	240 268	254	217 290	254	225 254	239
G_T	o u	270 378	324	197 217	207	265 294	279
H	o u	690 760	725	430 920	675	590 -	590
K	o u	492 450	471	360 344	352	705 -	705
L	o u	275 405	340	397 269	333	235 224	230

Kleinprüfkörperdruckfestigkeit der unterschiedlich getemperten Klinker

ANLAGE
39

Probenbez.	FREIKALKGEHALT [%]								
	$t_{Temp.}$ = 0 min			$t_{Temp.}$ = 20 min			$t_{Temp.}$ = 60 min		
	<40 µm	<63 µm	<90 µm	<40 µm	<63 µm	<90 µm	<40 µm	<63 µm	<90 µm
A	4,3 4,3 4,3	4,2 4,4 4,3	6,0 6,4 6,5	1,5 1,4 1,4	2,4 2,4 2,5	3,1 3,1 3,0	0,4 0,3 0,4	1,0 1,1 1,0	0,6 0,7 0,8
B	2,4 2,1 2,1	1,95 1,90 1,90	3,6 3,8 3,9	0,5 0,5 0,5	0,3 0,3 0,2	1,6 1,6 1,6	0,2 0,2 0,2	0,1 0,1 0,1	0,4 0,4 0,4
C	1,7 1,7 1,7	1,0 1,0 1,0	1,8 1,8 1,8	0,6 0,6 0,6	0,4 0,4 0,4	0,7 0,6 0,6	0,1 0,2 0,1	0,1 0,1 0,1	0,4 0,4 0,4
D	0,9 0,8 0,8	0,89 0,84 0,88	1,2 1,4 1,3	0,2 0,2 0,2	0,3 0,3 0,3	0,8 0,8 0,8	0,1 0,04 0,1	0,1 0,1 0,1	0,1 0,1 0,1
E	3,9 3,9 3,9	3,07 3,03 3,06	4,3 4,2 4,2	2,5 2,4 2,6	2,2 2,3 2,3	3,3 3,0 3,2	1,1 1,0 0,9	0,7 0,7 0,7	1,4 1,5 1,4
F	4,4 4,5 4,5	3,4 3,3 3,5	4,2 4,2 4,1	2,8 2,7 2,8	2,1 2,1 2,0	2,3 2,4 2,4	1,6 1,6 1,6	0,6 0,6 0,6	0,6 0,7 0,9
G	4,5 4,5 4,5	2,8 2,8 2,8	4,1 4,1 3,7	2,1 2,1 2,1	1,8 1,7 1,7	2,7 2,8 2,6 2,7	1,1 1,1 1,0	0,3 0,2 0,2	0,5 0,5 0,5
G_H	5,0 4,9 4,8	5,1 5,2 5,2	6,6 7,0 6,6	2,1 2,0 2,0	3,2 3,4 3,2	5,6 5,6 5,7 5,6	1,2 1,2 1,1	1,8 1,8 1,8	2,9 3,3 3,2
G_T	2,7 2,6 2,6	2,3 2,3 2,2	4,7 4,7 4,5	0,7 0,7 0,8	0,7 0,7 0,7	2,5 2,4 2,5	0,3 0,4 0,4	0,1 0,1 0,1	0,4 0,5 0,4
H	4,8 4,9 4,8 4,7	2,2 2,1 2,3	4,3 4,1 4,1	2,4 2,3 2,4	1,2 1,3 1,2	2,2 2,2 2,2	1,4 1,4 1,3	0,3 0,3 0,3	0,8 0,7 0,6
K	6,3 6,4 6,1 5,9	3,5 3,6 3,4	7,1 6,8 7,2	5,8 6,2 5,8 5,8	3,0 3,1 3,3	4,8 5,2 4,4	4,4 4,6 4,4	2,4 2,2 2,2	2,4 2,4 2,5
L	3,2 3,3 3,2	3,3 3,1 3,1	2,4 2,5 2,5	1,6 1,5 1,5	1,7 1,6 1,7	1,8 1,8 1,6	1,4 1,3 1,2	0,7 0,6 0,8	0,3 0,2 0,2 0,2

Freikalkgehalt der Klinker in Abhängigkeit von der Rohmehlfeinheit und der Temperzeit bei 1350° C Brenntemperatur

ANLAGE
40

BRENNBARKEIT [min]

Rohmehl-bezeichnung	Anlieferungs-zustand	< 90 μm	< 63 μm	< 40 μm
A	189	31	30	16
B	82	16	- 9	- 5
C	- 41	- 16	- 20	- 4
D	28	- 6	- 29	- 38
E	128	42	20	30
F	91	25	20	45
G	164	23	11	31
G_H	385	95	56	33
G_T	128	22	2	- 1
H	94	24	4	39
K	173	70	81	205
L	337	10	17	21

Prakt. Brennbarkeit der Rohmehle in Abhängigkeit von der Kornfeinheit [Minuten]

ANLAGE 41

Rohmehl-bezeichnung	H_V [%]	K_V [%]	H_V+K_V [%]	Siebrückstand > 90 µm [%]	Heterogenität R 90 [%]
A	0,29	1,00	1,29	10,5	9,21
B	0,36	1,28	1,64	7,3	5,66
C	0,51	1,86	2,37	4,4	2,03
D	1,44	4,32	5,76	3,8	8,04
E	3,30	12,67	15,97	20,0	4,03
F	0,66	2,32	2,98	6,0	3,02
G	0,50	1,85	2,35	12,8	10,45
G_H	0,14	0,54	0,68	11,4	10,72
G_T	0,40	1,38	1,78	13,7	11,92
H	0,41	1,41	1,82	8,0	6,18
K	0,22	0,76	0,98	6,3	5,32
L	0,90	3,45	4,35	37,0	32,65

ANLAGE
42

Forschungsberichte des Landes Nordrhein-Westfalen

Herausgegeben im Auftrage des Ministerpräsidenten Heinz Kühn
vom Minister für Wissenschaft und Forschung Johannes Rau

Sachgruppenverzeichnis

Acetylen · Schweißtechnik
Acetylene · Welding gracitice
Acétylène · Technique du soudage
Acetileno · Técnica de la soldadura
Ацетилен и техника сварки

Arbeitswissenschaft
Labor science
Science du travail
Trabajo científico
Вопросы трудового процесса

Bau · Steine · Erden
Constructure · Construction material · Soilresearch
Construction · Matériaux de construction · Recherche souterraine
La construcción · Materiales de construcción · Reconocimiento del suelo
Строительство и строительные материалы

Bergbau
Mining
Exploitation des mines
Minería
Горное дело

Biologie
Biology
Biologie
Biologia
Биология

Chemie
Chemistry
Chimie
Quimica
Химия

Druck · Farbe · Papier · Photographie
Printing · Color · Paper · Photography
Imprimerie · Couleur · Papier · Photographie
Artes gráficas · Color · Papel · Fotografía
Типография · Краски · Бумага · Фотография

Eisenverarbeitende Industrie
Metal working industry
Industrie du fer
Industria del hierro
Металлообработывающая промышленность

Elektrotechnik · Optik
Electrotechnology · Optics
Electrotechnique · Optique
Electrotécnica · Optica
Электротехника и оптика

Energiewirtschaft
Power economy
Energie
Energía
Энергетическое хозяйство

Fahrzeugbau · Gasmotoren
Vehicle construction · Engines
Construction de véhicules · Moteurs
Construcción de vehículos · Motores
Производство транспортных средств

Fertigung
Fabrication
Fabrication
Fabricación
Производство

Funktechnik · Astronomie
Radio engineering · Astronomy
Radiotechnique · Astronomie
Radiotécnica · Astronomía
Радиотехника и астрономия